KB168417

10 일에 완성하는 영역별 연산 총정리

징검다리 교육연구소, 강난영 지음

바쁜 5·6학년을 위한 빠른 분수

- 약분과 통분
- 분수의 덧셈과 뺄셈
- 분수의 곱셈과 나눗셈

이지스에듀

지은이 징검다리 교육연구소, 강난영

징검다리 교육연구소는 바쁜 친구들을 위한 빠른 학습법을 연구하는 이지스에듀의 공부 연구소입니다. 아이들이 기계적으로 공부하지 않도록, 두뇌가 활성화되는 과학적 학습 설계가 적용된 책을 만듭니다.

강난영 선생님은 영역별 연산 훈련 교재로, 연산 시장에 새바람을 일으킨 ≪바쁜 5·6학년을 위한 빠른 연산법≫, ≪바쁜 중1을 위한 빠른 중학연산≫, ≪바쁜 초등학생을 위한 빠른 구구단≫을 기획하고 집필한 저자입니다. 또한, 20년이 넘는 기간 동안 디딤돌, 한솔교육, 대교에서 초중등 콘텐츠를 연구, 기획, 개발해 왔습니다.

바빠 연산법 시리즈(개정판)

바쁜 5, 6학년을 위한 빠른 분수

초판 발행 2021년 5월 30일
(2013년 12월에 출간된 책을 새 교육과정에 맞춰 개정했습니다.)
초판 8쇄 2024년 9월 10일
지은이 징검다리 교육연구소, 강난영
발행인 이지연
펴낸곳 이지스퍼블리싱(주)
출판사 등록번호 제313-2010-123호
주소 서울시 마포구 잔다리로 109 이지스 빌딩 5층(우편번호 04003)
대표전화 02-325-1722 팩스 02-326-1723
이지스퍼블리싱 홈페이지 www.easyspub.com 이지스에듀 카페 www.easysedu.co.kr
바빠 아지트 블로그 blog.naver.com/easyspub 인스타그램 @easys_edu
페이스북 www.facebook.com/easyspub2014 이메일 service@easyspub.co.kr

본부장 조은미 기획 및 책임 편집 김현주 | 박지연, 정지연, 이지혜 교정 교열 김정은
표지 및 내지 디자인 정우영, 손한나 그림 김학수 전산편집 이츠북스 인쇄 보광문화사
영업 및 문의 이주동, 김요한(support@easyspub.co.kr) 마케팅 라혜주 독자 지원 박애림, 김수경

잘못된 책은 구입한 서점에서 바꿔 드립니다.
이 책에 실린 모든 내용, 디자인, 이미지, 편집 구성의 저작권은 이지스퍼블리싱(주)과 지은이에게 있습니다.
허락 없이 복제할 수 없습니다.

ISBN 979-11-6303-250-2 64410
ISBN 979-11-6303-253-3(세트)
가격 9,800원

알찬 교육 정보도 만나고 출판사 이벤트에도 참여하세요!

1. 바빠 공부단 카페
cafe.naver.com/easyispub

2. 인스타그램
@easys_edu

3. 카카오 플러스 친구
이지스에듀 검색!

• 이지스에듀는 이지스퍼블리싱의 교육 브랜드입니다.
(이지스에듀는 아이들을 탈락시키지 않고 모두 목적지까지 데려가는 책을 만듭니다!)

"펑펑 쏟아져야 눈이 쌓이듯, 공부도 집중해야 실력이 쌓인다."

교과서 집필 교수, 영재교육 연구소, 수학 전문학원, 명강사들이 적극 추천하는 '바빠 연산법'

'바빠 연산법' 시리즈는 학생들이 수학적 개념의 이해를 통해 수학적 절차를 터득하도록 체계적으로 구성한 책입니다.

김진호 교수(초등 수학 교과서 집필진)

'바빠 연산법' 시리즈는 수학적 사고 과정을 온전하게 통과하도록 친절하게 안내하는 길잡이입니다. 이 책을 끝낸 학생의 연필 끝에는 연산의 정확성과 속도가 장착되어 있을 거예요!

호사라 박사(분당 영재사랑 교육연구소)

단순 반복 계산이 아닌 정확한 이해를 바탕으로 스스로 생각하는 힘을 길러 주는 연산 책입니다. 수학의 자신감을 키워 줄 뿐 아니라 심화·사고력 학습에도 도움을 줄 것입니다.

박지현 원장(대치동 현수학학원)

한 영역의 계산을 체계적으로 배치해 놓아 학생들이 '끝을 보려고 달려들기'에 좋은 구조입니다. 계산 속도와 정확성을 완벽한 경지로 올려 줄 것입니다.

김종명 원장(분당 GTG수학 본원)

친절한 개념 설명과 문제 풀이 비법까지 담겨 있어 연산 실력을 단기간에 끌어올릴 수 있는 최고의 교재입니다. 수학의 기초가 부족한 고학년 학생에게 '강추'합니다.

정경이 원장(하늘교육 문래학원)

연산 책의 앞부분만 풀려 있다면 반복적이고 많은 문제 수에 치여서 싫어한다는 뜻입니다. 쉬운 내용은 압축, 어려운 내용은 충분히 연습하도록 구성해 학습 효율을 높인 '바빠 연산법'을 적극 추천합니다.

한정우 원장(일산 잇츠수학)

수학 공부는 등산과 같습니다. 산 아래에서 시작해 정상까지 오른다는 점은 같지만, 어떻게 오르느냐에 따라 걸리는 노력과 시간에도 큰 차이가 있죠. 수학이라는 산에 가장 빠르고 쉽게 오르도록 도와줄 책입니다.

김민경 원장(동탄 더원수학)

빠르게, 하지만 충실하게 연산의 이해와 연습이 가능한 교재입니다. 학년이 높아지면서 수학이 어렵다고 느끼지만 어디부터 시작해야 할지 모르는 학생들에게 '바빠 연산법'을 추천합니다.

남신혜 선생(서울 아카데미)

초등 5, 6학년 우리는 바쁘다!

고학년에게는 고학년 전용 연산 책이 필요하다.

중학교 가기 전 꼭 갖춰야 할 '연산 능력'

초등 수학의 80%는 연산입니다. 그러므로 중학교에 가기 전 꼭 갖춰야 할 능력 중 하나가 바로 연산 능력입니다. 배울 게 점점 더 많아지는데 연산에서 힘을 빼면 안 되잖아요. 그러니 지금이라도 연산 능력을 갖춰야 합니다. 연산에 충분한 시간을 쏟을 수 없는 5, 6학년도 '바빠 연산법'으로 자신 없는 연산만 훈련해도 문제없이 다음 진도를 따라갈 수 있습니다.

"선행 학습을 한다고 해서 연산 능력이 저절로 키워지지는 않는다!"

학원에 다니는 상위 1% 학생도 계산력이 부족하면 진도와는 별도로 연산이 완벽해지도록 훈련을 시킵니다.

수학 경시대회 1등 한 학생을 지도한 원장님조차도 "연산 능력은 수학 진도를 선행한다거나, 사고력을 키운다고 해서 저절로 해결되지 않습니다. 계산 능력에 관한 한, 무조건 훈련 또 훈련을 반복해서 숙달되어야 합니다. 연산이 먼저 해결되어야 문제 해결력을 높일 수 있거든요."라고 말합니다.

더도 말고 딱 10일만 분수든 소수든 곱셈이든 나눗셈이든, 안 되는 연산에 집중해서 시간을 투자해 보세요.

영역별로 훈련하면 효율적! "넌 분수가 약해? 난 소수가 약해."

우리나라 초등 교과서는 연산, 도형, 측정, 확률 등 다양한 영역을 종합적으로 배우게 되어 있습니다. 예를 들어 분수만 해도 3학년에서 6학년에 걸쳐 조금씩 나누어서 배우다 보니 학생들이 앞에서 배운 걸 잊어버리는 경우가 많습니다. 그렇기 때문에 고학년일수록 분수, 소수, 곱셈, 나눗셈 등 부족한 영역만 선택하여 정리하는 게 효율적입니다.

수학의 기본인 연산은 벽돌쌓기와 같습니다. 앞에서 결손이 생기면 뒤로 갈수록 결손이 누적되어 나중에 수학이라는 큰 집을 지을 수 없게 됩니다. 방학과 같이 집중할 수 있는 시간이 주어졌을 때 자신이 약하다고 생각하는 영역을 단기간 집중적으로 훈련하여 보강해 보는 건 어떨까요?

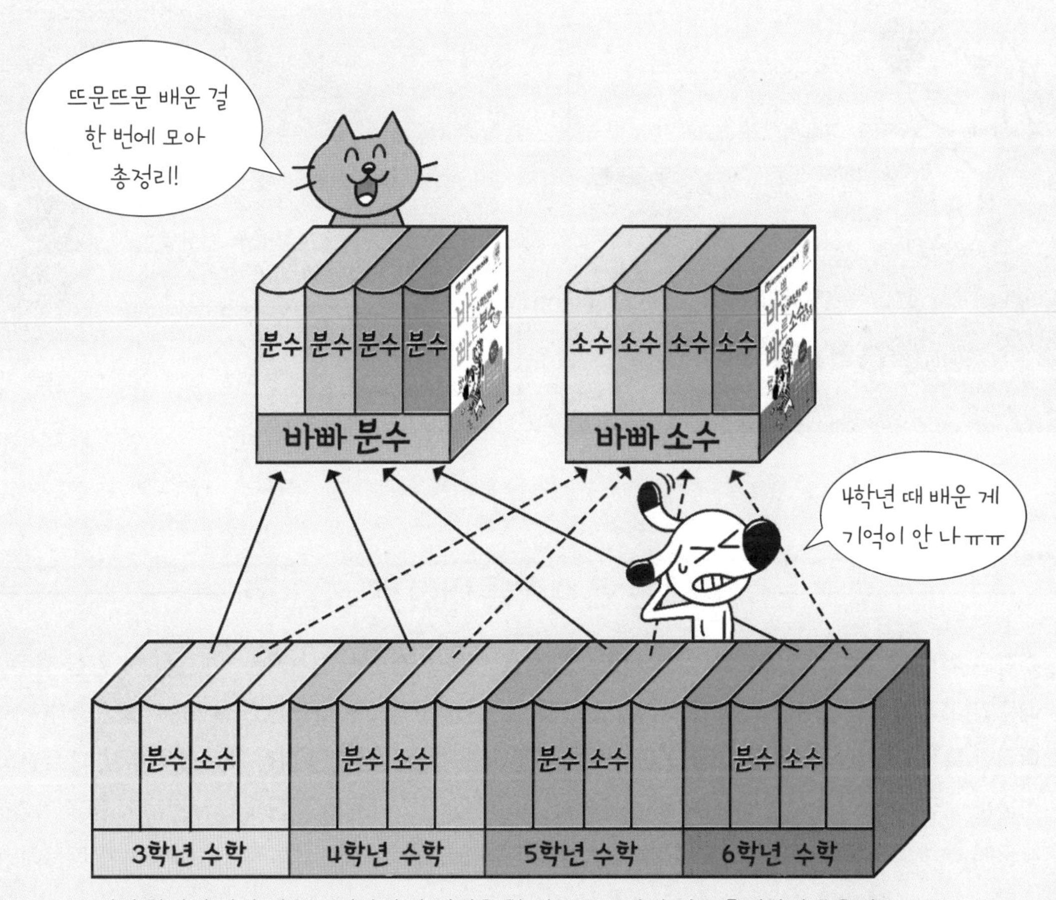

여러 학년에 걸쳐 배우는 연산의 각 영역을 한 권으로 모아서 집중 훈련하면 효율적!

평펑 쏟아져야 눈이 쌓이듯, 공부도 집중해야 실력이 쌓인다!

눈이 쌓이는 걸 본 적이 있나요? 눈이 오다 말면 모두 녹아 버리지만, 펑펑 쏟아지면 차곡차곡 바닥에 쌓입니다. 공부도 마찬가지입니다. 며칠에 한 단계씩, 찔끔찔끔 공부하면 배운 게 쌓이지 않고 눈처럼 녹아 버립니다. 집중해서 펑펑 공부해야 실력이 차곡차곡 쌓입니다.

'바빠 연산법' 시리즈는 한 권에 23~26단계씩 모두 4권으로 구성되어 있습니다. 몇 달에 걸쳐 푸는 것보다 하루에 2~3단계씩 10~20일 안에 푸는 것이 효율적입니다. 집중해서 공부하면 전체 맥락을 쉽게 이해할 수 있어서 한 권을 모두 푸는 데 드는 시간도 줄어들 것입니다. 어느 '하나'에 단기간 몰입하여 익히면 그것에 통달하게 되거든요.

10~20일 안에 풀면 한 권을 푸는 데 드는 시간도 줄어듭니다.

사람들은 왜 수학을 어렵게 느낄까?

수학은 기초 내용을 바탕으로 그 위에 새로운 내용을 덧붙여 점차 발전시키는 '계통성'이 강한 학문이기 때문입니다. 약수를 모르면 분수의 덧셈을 잘 못하고, 곱셈이 약하면 나눗셈도 잘 풀 수 없습니다. 수학은 이러한 특징 때문에 앞서 배운 내용을 이해하지 못해 학습 결손이 생기면 다음 내용을 공부할 때 유난히 어려움을 느낍니다. 이 책처럼 한 영역씩 집중해서 학습하면 기초 내용을 바탕으로 새로운 내용을 학습하기 때문에 체계성이 높아져 학습 성취도가 더욱 높아집니다. 또한 전체를 계통적으로 학습하기 때문에 학습 흐름이 한눈에 정리됩니다.

학원 선생님과 독자의 의견 덕분에 더 좋아졌어요!

'바빠 연산법'이 개정 교육과정을 반영해 새롭게 나왔습니다. 이번 판에서는 '바빠 연산법'을 이미 풀어 본 학생, 학부모, 학원 선생님들의 의견을 받아 학습 효과를 더욱 높였습니다. 이를 위해 학생이 직접 푼 교재 30여 권을 다시 수거해 아이들이 어떻게 풀었는지, 어느 부분에서 자주 틀렸는지 등의 실제 학습 패턴을 파악했습니다. 또한 아이의 학습을 어떻게 진행했는지 학부모, 학원 선생님들과 소통했습니다. 이렇게 독자 여러분의 생생한 의견을 종합해 '진짜 효과적인 방법', '직접 도움을 주는 방향'으로 구성했습니다.

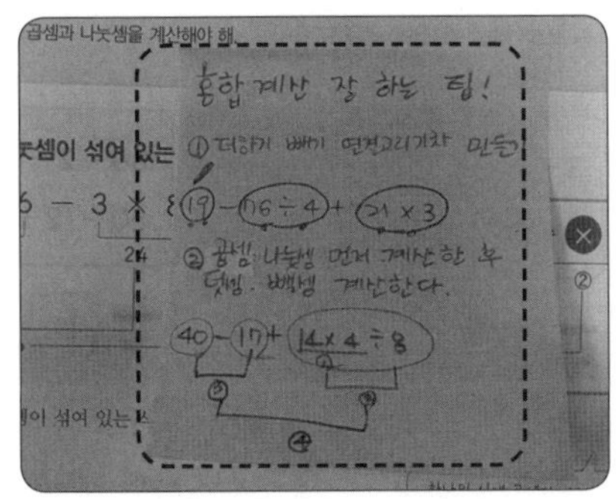

수학학원 원장님에게 받은 꿀팁 수록!

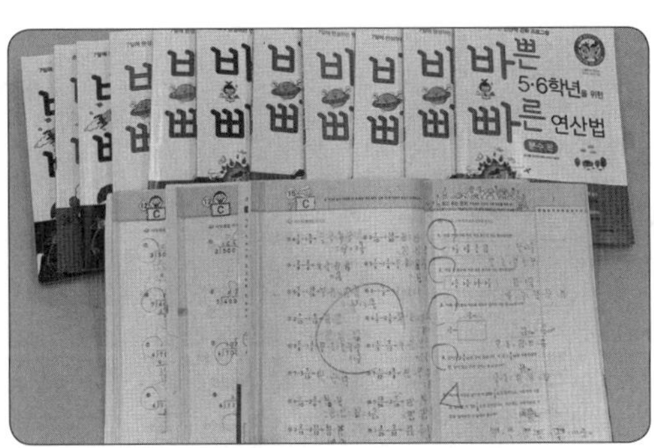

실제 독자가 푼 '바빠 연산법' 책을 통해 학습 패턴 파악!

우리 집에서도 진단 평가 후 맞춤 학습 가능!

집에서도 현재 아이의 학습 상태를 정확하게 진단하고, 맞춤형 학습 계획을 세우고 싶다는 학부모님의 의견을 반영하여, 수학 학원 원장님들의 실제 진단 평가 방식을 적용했습니다.

▸▸▸ 13쪽

쉬운 부분은 빠르게 훑고, 어려운 내용은 더 많이 연습하는 탄력적 배치!

기계적으로 반복하는 연산 문제는 풀기 싫어한다는 의견을 적극 반영하여, 간단한 연습만으로도 충분한 단계는 3쪽으로, 더 많은 연습이 필요한 단계는 4쪽, 5쪽으로 확대하여 더욱 탄력적으로 구성했습니다. 기계적인 반복 훈련을 배제하여 같은 시간을 들여도 더 효율적으로 공부할 수 있습니다.

선생님이 바로 옆에 계신 듯한 설명

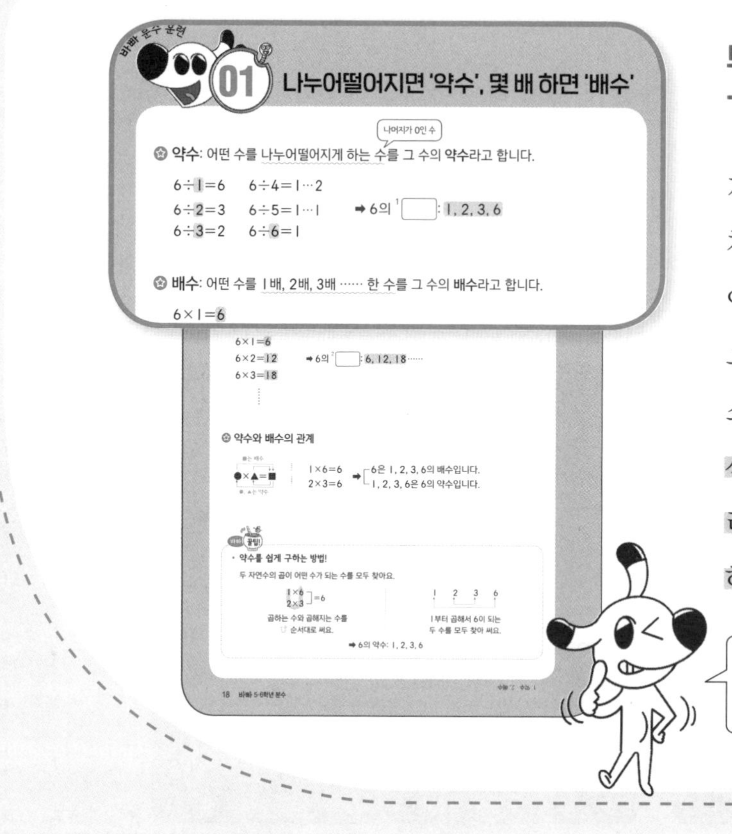

무조건 풀지 않는다!
개념을 보고 '느낌 알면서~.'

개념을 바르게 이해하지 못한 채 생각 없이 문제만 풀다 보면 어느 순간 벽에 부딪힐 수 있어요. 기초 체력을 키우려면 영양소를 골고루 섭취해야 하듯, 연산도 훈련 과정에서 개념과 원리를 함께 접해야 기초를 건강하게 다질 수 있답니다.

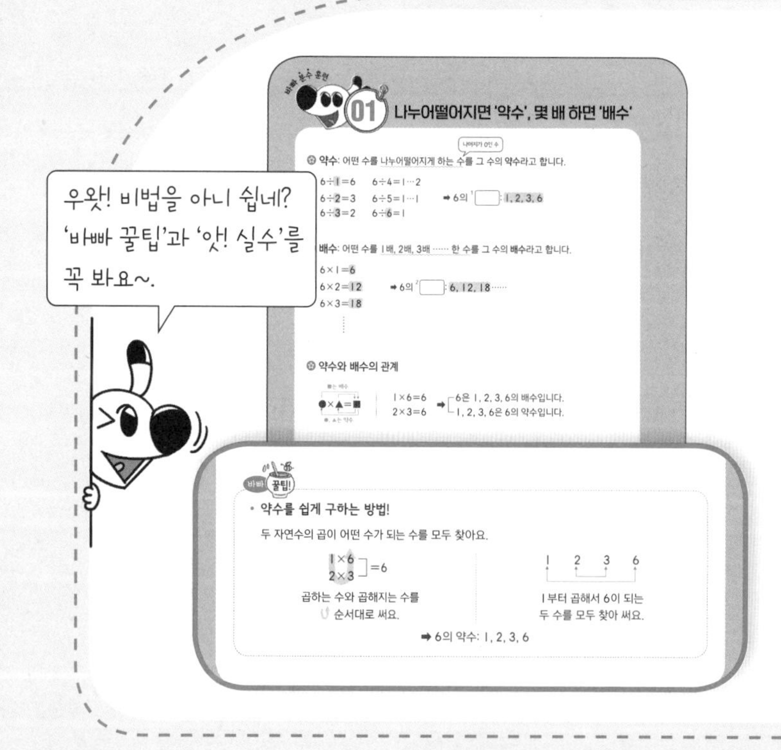

책 속의 선생님!
'바빠 꿀팁'과 '앗! 실수'로
선생님과 함께 푼다!

수학 전문학원 원장님들의 의견을 받아 책 곳곳에 친절한 도움말을 담았어요. 문제를 풀 때 알아두면 좋은 '바빠 꿀팁'부터 실수를 줄여 주는 '앗! 실수'까지! 혼자 푸는데도 선생님이 옆에 있는 것 같아요!

종합 선물 같은 훈련 문제

실력을 쌓아 주는 바빠의 '작은 발걸음' 방식!

쉬운 내용은 빠르게 학습하고, 어려운 부분은 더 많이 훈련하도록 구성해 학습 효율을 높였어요. 또한 조금씩 수준을 높여 도전하는 바빠의 '작은 발걸음 방식(small step)'으로 몰입도를 높였어요.

느닷없이 어려워지지 않으니 끝까지 풀 수 있어요~.

A

분수의 덧셈을 하세요.

① $1\frac{1}{2}+1\frac{1}{4}=$

③ $1\frac{1}{3}+1\frac{1}{9}=$

⑤ $2\frac{1}{12}+1\frac{3}{10}=$

⑦ $2\frac{3}{8}+3\frac{5}{18}=$

⑨ $1\frac{3}{10}+3\frac{2}{5}=$

B 계산 결과가 가분수

분수의 덧셈을 하세요.

① $1\frac{2}{3}+\frac{5}{9}=$

③ $2\frac{3}{4}+1\frac{3}{7}=$

⑤ $1\frac{3}{5}+\frac{7}{10}=$

⑦ $3\frac{3}{4}+\frac{5}{6}=$

⑨ $\frac{3}{8}+3\frac{7}{10}=$

C 계산 결과의 분수 부분이 약분이

분수의 덧셈을 하세요.

① $2\frac{1}{3}+2\frac{2}{9}=$

③ $3\frac{3}{10}+1\frac{1}{2}=$

⑤ $3\frac{5}{6}+2\frac{1}{12}=$

⑦ $3\frac{5}{21}+2\frac{7}{12}=$

⑨ $1\frac{1}{10}+2\frac{5}{14}=$

생활 속 언어로 이해하고, 내 것으로 만드니 자신감이 저절로!

단순 계산력 문제만 연습하고 끝나지 않아요. 쉬운 문장제로 생활 속 개념을 정리하고, 한 마당이 끝날 때마다 섞어서 연습하고, 게임처럼 즐겁게 마무리하는 종합 문제까지!

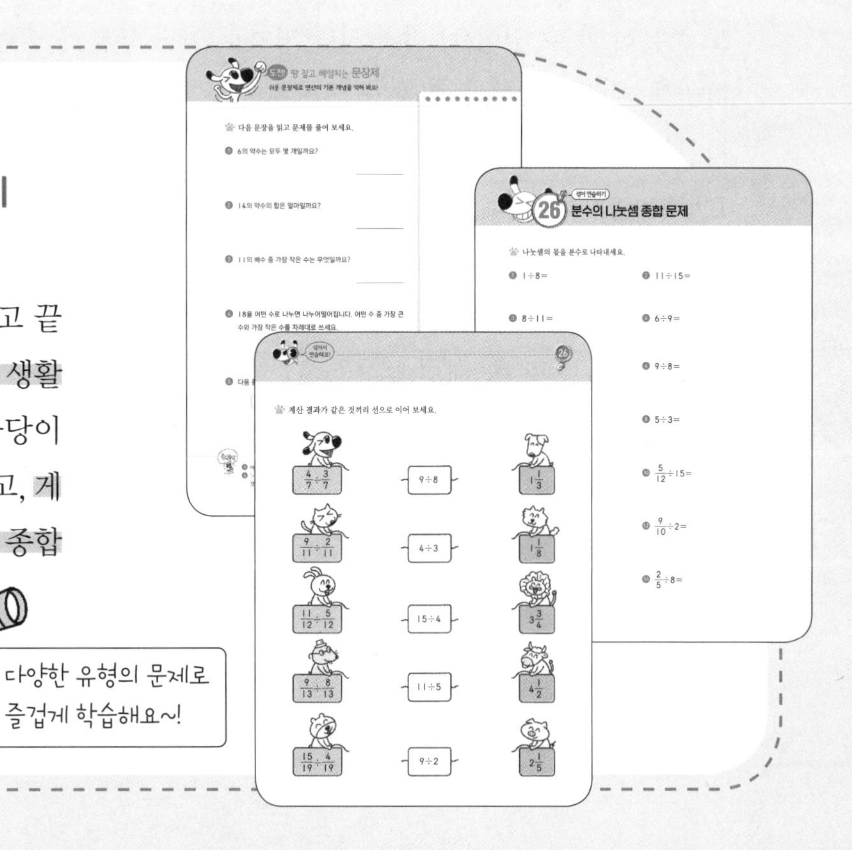

다양한 유형의 문제로 즐겁게 학습해요~!

5·6학년 바빠 연산법, 집에서 이렇게 활용하세요!

✪ 수학이 어려운 5학년 학생이라면?

구구단을 모르면 곱셈 계산을 할 수 없듯이, 곱셈과 나눗셈이 완벽하지 않으면 분수와 소수의 계산을 잘하기 어렵습니다. 먼저 '바빠 연산법'의 곱셈, 나눗셈으로 연습하여, 분수와 소수 계산을 잘하기 위한 기본기 먼저 다져 보세요.

✪ 수학이 어려운 6학년 학생이라면?

6학년이 되었는데 아직도 수학이 너무 어렵다고요? 걱정하지 말아요. 지금부터 시작해도 충분히 할 수 있어요! 먼저 진단 평가로 어느 부분이 부족한지 파악하세요. 곱셈이나 나눗셈 계산이 힘든지, 분수가 어려운지 또는 소수 계산에 시간이 너무 오래 걸리는지 확인해 각 단점을 보완할 수 있는 '바빠 연산법' 시리즈의 곱셈, 나눗셈, 분수, 소수 중 1권씩 골라서 공부해 보세요. 6학년 친구들은 분수와 소수를 더 많이 풀어요.

✪ 중학교 수학이 걱정인 6학년 학생이라면?

중학교 수학, 생각만 해도 불안하죠? 초등학교에서 배운 수학의 기초가 튼튼하다면 중학교 수학도 얼마든지 잘할 수 있으니 걱정하지 말아요.

기본 연산 훈련이 충분히 되어 있다면, 중학교 수학에서 꼭 필요한 분수 영역을 '바빠 연산법' 분수로 학습해 튼튼한 기초를 다져 보세요. 그런 다음 '바빠 중학 연산'으로 중학 수학을 공부하세요!

▸5, 6학년 연산을 **총정리하고 싶은 친구**는 곱셈→ 나눗셈→ 분수→ 소수 순서로 풀어 보세요.

바빠 수학, 학원에서는 이렇게 활용해요!

도움말: 더원수학 김민경 원장(네이버 '바빠 공부단 카페' 바빠쌤)

학습 결손 해결, 1:1 맞춤 보충 교재는? '바빠 연산법'

영역별로 집중 훈련하도록 구성되어, 학생별 1:1 맞춤 수업 교재로 사용합니다. 분수가 부족한 학생은 분수로 빠르게 결손을 보강하고, 기초 연산 실력이 부족한 친구들은 곱셈, 나눗셈으로 기본 연산부터 훈련합니다. 부족한 부분만 핀셋으로 콕! 집듯이 공부할 수 있어 좋아요!

숙제나 보충 교재로 활용한다면 기존 수업 방식에 큰 변화 없이도 부족한 연산 결손을 보강할 수 있어 활용도가 높습니다.

다음 학기 선행은? '바빠 교과서 연산'

'바빠 교과서 연산'은 학기 중 진도 따라 풀어도 좋은 책이지만 방학 동안 다음 학기 선행을 준비할 때도 큰 도움이 됩니다. 일단 쉽기 때문입니다. 교과서 순서대로 빠르게 공부할 수 있어 짧은 방학 동안 부담 없이 학습할 수 있습니다. 첫 번째 교과 수학 선행 책으로 추천합니다.

서술형 대비는? '나 혼자 푼다! 수학 문장제'

연산 영역을 보강한 학생 중 서술형을 어려워하는 학생은 마지막에 꼭 '나 혼자 푼다! 수학 문장제'를 추가로 수업합니다. 학교 교과 수준의 어렵지도 쉽지도 않은 딱 적당한 난이도라, 공부하기 좋아요. 다양한 꿀팁과 친절한 설명이 담겨 있는 시리즈로, 학생 혼자서도 충분히 풀 수 있어 숙제로 내주기도 합니다.

바쁜 5·6학년을 위한 빠른 분수

바쁜 5·6학년을 위한 빠른 분수

진단 평가

'차근차근 문제를 풀어 더 정확하게 확인하겠다!' 면 20문항을 모두 풀고,
'빠르게 확인하고 계획을 세울 자신이 있다!' 면 짝수 문항만 풀어 보세요.

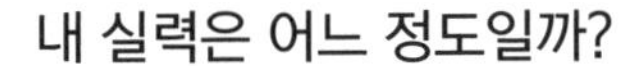
내 실력은 어느 정도일까?

15분 진단

평가 문항: 20문항

5학년은 풀지 않아도 됩니다.
➔ 바로 20일 진도로 진행!

진단할 시간이 부족할 때

7분 진단

평가 문항: 10문항

학원이나 공부방 등에서
진단 시간이 부족할 때 사용!

시계가 준비됐나요?
자! 이제, 제시된 시간 안에 진단 평가를 풀어 본 후
16쪽의 '권장 진도표'를 참고하여 공부 계획을 세워 보세요.

분수 진단 평가 4학년~6학년 과정

다음 두 수의 최대공약수와 최소공배수를 구하세요.

❶ $\overline{)\ 12 \quad 16}$

② $\overline{)\ 36 \quad 27}$

다음을 약분하여 기약분수로 나타내세요.

❸ $\frac{12}{30}=$

④ $\frac{18}{33}=$

분수의 덧셈을 하세요.

❺ $\frac{1}{7}+\frac{2}{7}=$

⑥ $\frac{1}{3}+\frac{2}{5}=$

❼ $3\frac{5}{8}+2\frac{1}{12}=$

⑧ $2\frac{5}{6}+1\frac{4}{9}=$

🐾 분수의 뺄셈을 하세요.

⑨ $\frac{3}{4}-\frac{1}{10}=$

⑩ $5\frac{3}{4}-1\frac{1}{5}=$

⑪ $1\frac{2}{7}-\frac{11}{21}=$

⑫ $6\frac{1}{3}-2\frac{3}{4}=$

🐾 분수의 곱셈을 하세요.

⑬ $\frac{3}{4}\times 9=$

⑭ $\frac{5}{14}\times\frac{2}{3}=$

⑮ $\frac{1}{4}\times\frac{1}{5}=$

⑯ $3\frac{1}{2}\times 1\frac{2}{7}=$

🐾 분수의 나눗셈을 하세요.

⑰ $\frac{3}{8}\div 5=$

⑱ $3\frac{1}{2}\div 1\frac{1}{6}=$

⑲ $1\frac{3}{5}\div 4=$

⑳ $1\frac{3}{5}\div\frac{8}{13}=$

나만의 공부 계획을 세워 보자

- 다 맞았어요! → 예 → **10일 진도표로** 공부하면서 푸는 속도를 높여 보자!
- 아니요
- 1~5번을 못 풀었어요. → 예 → **'바쁜 3·4학년을 위한 빠른 분수'** 편을 먼저 풀고 다시 도전!
- 아니요
- 6~16번에 틀린 문제가 있어요. → 예 → 첫째 마당부터 차근차근 풀어 보자! **20일 진도표로** 공부 계획을 세워 보자!
- 아니요
- 17~20번에 틀린 문제가 있어요. → 예 → 단기간에 끝내는 **10일 진도표로** 공부 계획을 세워 보자!

권장 진도표

★	20일 진도	10일 진도
1일	01 ~ 03	01 ~ 03
2일	04 ~ 06	04 ~ 07
3일	07	08 ~ 09
4일	08	10 ~ 11
5일	09 ~ 10	12 ~ 14
6일	11	15 ~ 16
7일	12	17 ~ 19
8일	13 ~ 14	20 ~ 21
9일	15	22 ~ 24
10일	16	25 ~ 26
11일	17	
12일	18	
13일	19	
14일	20	
15일	21	
16일	22	
17일	23	
18일	24	
19일	25	
20일	26	

진단 평가 정답

❶ 4, 48　② 9, 108　❸ $\frac{2}{5}$　④ $\frac{6}{11}$　❺ $\frac{3}{7}$　⑥ $\frac{11}{15}$

❼ $5\frac{17}{24}$　⑧ $4\frac{5}{18}$　❾ $\frac{13}{20}$　⑩ $4\frac{11}{20}$　⓫ $\frac{16}{21}$　⑫ $3\frac{7}{12}$

⓭ $6\frac{3}{4}$　⑭ $\frac{5}{21}$　⓯ $\frac{1}{20}$　⑯ $4\frac{1}{2}$　⓱ $\frac{3}{40}$　⑱ 3

⓳ $\frac{2}{5}$　⑳ $2\frac{3}{5}$

첫째 마당

분수의 기초

첫째 마당은 분수의 계산을 위한 기초 공사 단계예요. 건물을 지을 때도 기초 공사를 튼튼히 해야 무너지지 않듯이 분수의 계산을 하려면 약분과 통분을 잘해야 해요. 공약수와 공배수도 척척 구할 줄 알아야 하니 기초를 다진다는 생각으로 집중해서 풀어 봐요.

공부할 내용!	완료	10일 진도	20일 진도
01 나누어떨어지면 '약수', 몇 배 하면 '배수'	☑	1일차	1일차
02 공약수 중 가장 큰 수 '최대공약수'	☐		
03 공배수 중 가장 작은 수 '최소공배수'	☐		
04 크기가 같은 분수는 셀 수 없이 많아	☐	2일차	2일차
05 간단한 분수가 되는 '약분'	☐		
06 분모를 같게 만드는 '통분'	☐		
07 분수의 기초 종합 문제	☐		3일차

나누어떨어지면 '약수', 몇 배 하면 '배수'

☆ **약수**: 어떤 수를 나누어떨어지게 하는 수를 그 수의 **약수**라고 합니다. (나머지가 0인 수)

$6 \div 1 = 6$　　$6 \div 4 = 1 \cdots 2$
$6 \div 2 = 3$　　$6 \div 5 = 1 \cdots 1$　　➡ 6의 [1] ☐ : 1, 2, 3, 6
$6 \div 3 = 2$　　$6 \div 6 = 1$

☆ **배수**: 어떤 수를 1배, 2배, 3배 …… 한 수를 그 수의 **배수**라고 합니다.

$6 \times 1 = 6$
$6 \times 2 = 12$　　➡ 6의 [2] ☐ : 6, 12, 18……
$6 \times 3 = 18$
⋮

☆ **약수와 배수의 관계**

$1 \times 6 = 6$
$2 \times 3 = 6$
➡ 6은 1, 2, 3, 6의 배수입니다.
　 1, 2, 3, 6은 6의 약수입니다.

- **약수를 쉽게 구하는 방법!**

두 자연수의 곱이 어떤 수가 되는 수를 모두 찾아요.

1×6, 2×3 $= 6$

곱하는 수와 곱해지는 수를 순서대로 써요.

1　2　3　6

1부터 곱해서 6이 되는 두 수를 모두 찾아 써요.

➡ 6의 약수: 1, 2, 3, 6

1. 약수 2. 배수

약수를 구하는 두 가지 방법!
첫째, 나눗셈식을 세워 어떤 수를 나누어떨어지게 하는 수를 구해요.
둘째, 곱셈식을 세워 곱이 어떤 수가 되는 수를 모두 찾아요.

약수를 구하세요.

① 4의 약수: 1, □, 4

4÷1=□

4÷□=□

4÷4=□

② 8의 약수: □, □, □, □

가장 작은 약수 / 가장 큰 약수

8÷□=□

8÷□=□

8÷□=□

8÷□=□

③ 7의 약수:

④ 10의 약수:

⑤ 12의 약수:

⑥ 15의 약수:

⑦ 16의 약수:

⑧ 20의 약수:

⑨ 25의 약수:

⑩ 30의 약수:

⑪ 32의 약수:

⑫ 50의 약수:

⑬ 100의 약수:

어떤 수의 배수는 셀 수 없이 많기 때문에 배수를 모두 쓸 수는 없어요.
그래서 "2의 배수를 가장 작은 수부터 3개 쓰세요."처럼
배수를 물어 보는 문제에는 조건이 있어요.

배수를 가장 작은 수부터 차례대로 5개 쓰세요.

1. 2의 배수: 2, 4, □, □, □

2. 4의 배수: 4, 8, □, □, □

3. 3의 배수:

4. 6의 배수:

5. 7의 배수:

6. 8의 배수:

7. 9의 배수:

8. 10의 배수:

9. 12의 배수:

10. 15의 배수:

11. 20의 배수:

12. 25의 배수:

13. 50의 배수:

어떤 수의 배수들은 어떤 수만큼
계속해서 더해서 만든 수예요.

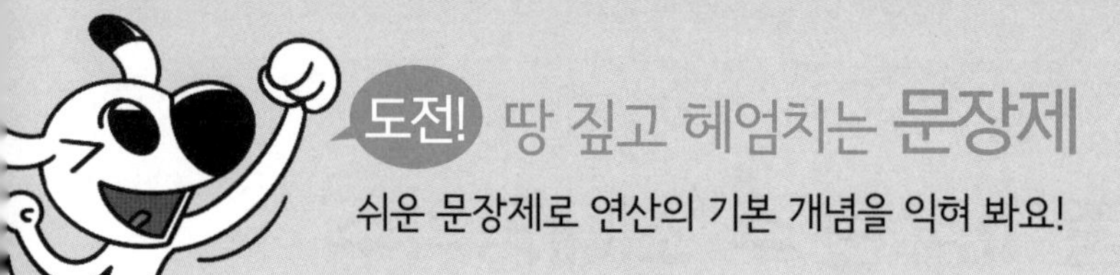

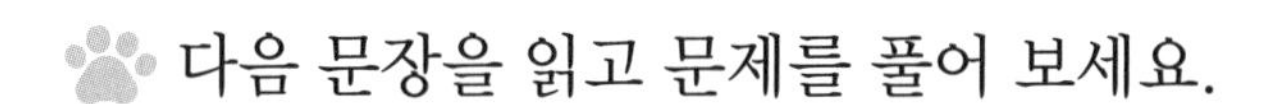

다음 문장을 읽고 문제를 풀어 보세요.

1. 6의 약수는 모두 몇 개일까요?

____

2. 14의 약수의 합은 얼마일까요?

____

3. 11의 배수 중 가장 작은 수는 무엇일까요?

____

4. 18을 어떤 수로 나누면 나누어떨어집니다. 어떤 수 중 가장 큰 수와 가장 작은 수를 차례대로 쓰세요.

______________, ______________

5. 다음 중 3의 배수가 아닌 것을 찾아 쓰세요.

234　　351　　196

____

3. 어떤 수의 배수 중 가장 작은 수는 자기 자신이에요.
4. '~을 어떤 수로 나누면 나누어떨어진다'는 것은 '어떤 수는 ~의 약수'라는 것을 말해요.

02 공약수 중 가장 큰 수 '최대공약수'

공약수: 어떤 두 수의 공통된 [1] (　　)

최대공약수: [2] (　　)(공통된 약수) 중 가장 큰 수

12의 약수:	1, 2, 3, 4, 6, 12
28의 약수:	1, 2, 4, 7, 14, 28
12와 28의 **공약수**:	1, 2, 4
12와 28의 **최대공약수**:	4

공약수는 최대공약수의 약수

최대공약수 구하는 방법

최대공약수는 두 수를 여러 수의 곱으로 나타낸 다음 두 수에 공통으로 있는 수들의 곱으로 구합니다.

$12=2\times2\times3$

$28=2\times2\times7$

2×2 ➡ 12와 28의 최대공약수: $2\times2=4$

- **거꾸로 된 나눗셈을 이용하여 최대공약수 쉽게 구하기!**

❶ 두 수를 1이 아닌 공약수로 나누고, 나눈 공약수를)____의 왼쪽에, 그 몫을 아래에 써요.
❷ 1이 아닌 공약수가 없을 때까지 나눠요.
❸ 나눈 공약수들을 모두 곱해 최대공약수를 구해요.

) 12 28 ➡ 2) 12 28 / 6 14 ➡ 2) 12 28 / 2) 6 14 / 3 7

➡ 12와 28의 최대공약수: $2\times2=4$

1. 약수 2. 공약수

4와 10의 최대공약수는
4의 약수도 되고, 10의 약수도 되는 수 중 가장 큰 수를 말해요.

다음을 구하세요.

① 4의 약수: ☐, ☐, ☐
10의 약수: ☐, ☐, ☐, ☐
➡ 4와 10의 공약수: ☐, ☐
➡ 4와 10의 최대공약수: ☐

② 6의 약수:
9의 약수:
➡ 6과 9의 공약수:
➡ 6과 9의 최대공약수:

③ 15의 약수:
17의 약수:
➡ 15와 17의 공약수:
➡ 15와 17의 최대공약수:

④ 8의 약수:
20의 약수:
➡ 8과 20의 공약수:
➡ 8과 20의 최대공약수:

⑤ 16의 약수:
18의 약수:
➡ 16과 18의 공약수:
➡ 16과 18의 최대공약수:

⑥ 21의 약수:
27의 약수:
➡ 21과 27의 공약수:
➡ 21과 27의 최대공약수:

⑦ 24의 약수:
32의 약수:
➡ 24와 32의 공약수:
➡ 24와 32의 최대공약수:

⑧ 36의 약수:
42의 약수:
➡ 36과 42의 공약수:
➡ 36과 42의 최대공약수:

거꾸로 된 나눗셈을 이용하여 최대공약수를 구할 때
두 수의 공약수가 한 번에 떠오르지 않으면
2 ➡ 3 ➡ 5 ➡ 7 …… 순서로 하나씩 나누어 봐요.

거꾸로 된 나눗셈을 이용하여 두 수의 최대공약수를 구하세요.

❶ 5) 10 15
　　　2 □ ➡ 5 (10과 15의 최대공약수)

❷ 2) 12 18
　3) 6 □
　　　□ □ ➡ □

❸) 4 10 ➡ □

❹) 8 12 ➡ □

❺) 3 12 ➡ □

❻) 5 15 ➡ □

❼) 14 35 ➡ □

❽) 15 27 ➡ □

❾) 18 30 ➡ □

❿) 45 60 ➡ □

⓫) 27 45 ➡ □

⓬) 24 36 ➡ □

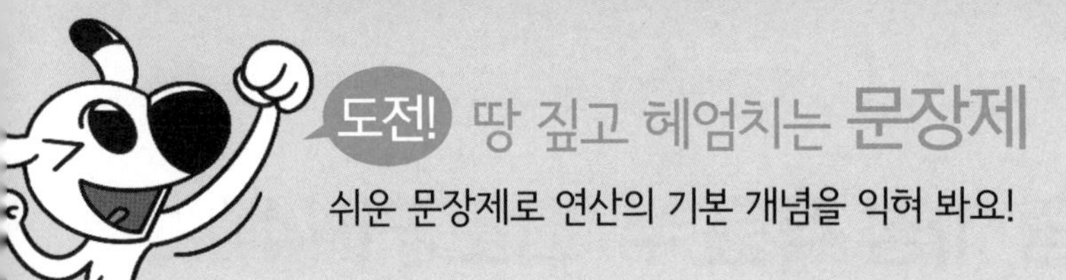

다음 문장을 읽고 문제를 풀어 보세요.

1. 6과 9의 최대공약수는 무엇일까요?

______

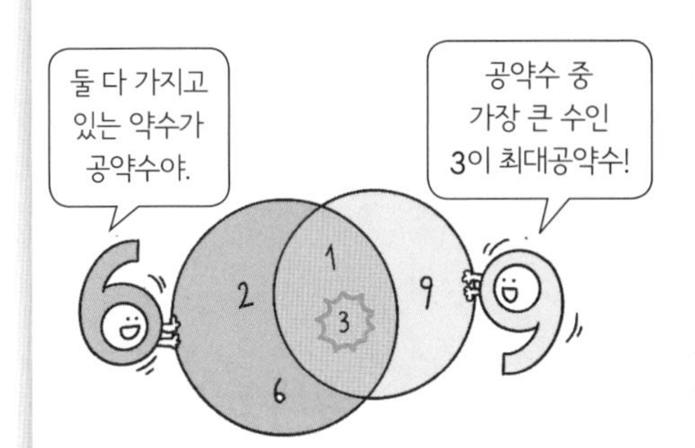

2. 30과 24의 공약수는 모두 몇 개일까요?

______

3. 어떤 두 수의 최대공약수가 25일 때 두 수의 공약수를 모두 구하세요.

______, ______, ______

4. 30과 20을 어떤 수로 나누면 두 수가 모두 나누어떨어집니다. 어떤 수 중 가장 큰 수는 무엇일까요?

______

5. 연필 48자루와 공책 36권을 최대한 많은 학생들에게 남김없이 똑같이 나누어 주려고 합니다. 최대 몇 명까지 나누어 줄 수 있을까요?

______

3. 두 수의 공약수는 두 수의 최대공약수의 약수예요.
4. '어떤 수로 나누면 두 수가 모두 나누어떨어진다'는 것은 어떤 수가 두 수의 공약수라는 것을 말해요.
5. '똑같이 나누어 주려고 한다'는 것은 두 수의 공약수를 구하라는 것을 말해요.

공배수 중 가장 작은 수 '최소공배수'

☆ **공배수**: 어떤 두 수의 공통된 [1] ☐

☆ **최소공배수**: [2] ☐(공통된 배수) 중 가장 작은 수

4의 배수:	4,	8,	12,	16,		20,	24 ……
6의 배수:		6,	12,		18,		24 ……
4와 6의 **공배수**:			12,				24 ……
4와 6의 **최소공배수**:			12				

공배수는 최소공배수의 배수

☆ **최소공배수 구하는 방법**

최소공배수는 두 수를 여러 수들의 곱으로 나타낸 다음 두 수에 공통으로 있는 수들의 곱과 남은 수들의 곱으로 구합니다.

$4=2\times2$

$6=2\times3$

$2\times2\times3$ ➡ 4와 6의 최소공배수: $2\times2\times3=12$

- **거꾸로 된 나눗셈을 이용하여 최소공배수 쉽게 구하기!**

❶ 두 수를 1이 아닌 공약수로 나누고, 나눈 공약수를)＿＿의 왼쪽에, 그 몫을 아래에 써요.
❷ 1이 아닌 공약수가 없을 때까지 나눠요.
❸ 나눈 공약수와 가장 아래의 몫을 모두 곱해 최소공배수를 구해요.

$)\underline{4\quad6}$ ➡ $2)\underline{4\quad6}$ / $2\quad3$ ➡ $2)\underline{4\quad6}$ / $2\quad3$

➡ 4와 6의 최소공배수: $2\times2\times3=12$

1. 배수 2. 공배수

배수는 곱셈구구를 이용하면 구하기 쉬워요.

2의 배수 ➡ $2\times1=2$, $2\times2=4$, $2\times3=6$, $2\times4=8$ ……

3의 배수 ➡ $3\times1=3$, $3\times2=6$, $3\times3=9$, $3\times4=12$ ……

공배수를 가장 작은 수부터 차례대로 2개 쓰고, 최소공배수를 구하세요.

① 2의 배수: □, □, □, □ ……
4의 배수: □, □, □, □ ……
➡ 2와 4의 공배수: □, □
➡ 2와 4의 최소공배수: □

② 6의 배수:
9의 배수:
➡ 6과 9의 공배수:
➡ 6과 9의 최소공배수:

③ 10의 배수:
15의 배수:
➡ 10과 15의 공배수:
➡ 10과 15의 최소공배수:

④ 3의 배수:
9의 배수:
➡ 3과 9의 공배수:
➡ 3과 9의 최소공배수:

⑤ 3의 배수:
4의 배수:
➡ 3과 4의 공배수:
➡ 3과 4의 최소공배수:

⑥ 6의 배수:
8의 배수:
➡ 6과 8의 공배수:
➡ 6과 8의 최소공배수:

⑦ 5의 배수:
20의 배수:
➡ 5와 20의 공배수:
➡ 5와 20의 최소공배수:

⑧ 2의 배수:
5의 배수:
➡ 2와 5의 공배수:
➡ 2와 5의 최소공배수:

B

1) 3 5

3 5

최소공배수: 3×5=15

두 수의 공약수가 1뿐인 경우 최소공배수는 두 수의 곱과 같아요.

두 수의 최소공배수를 구하세요.

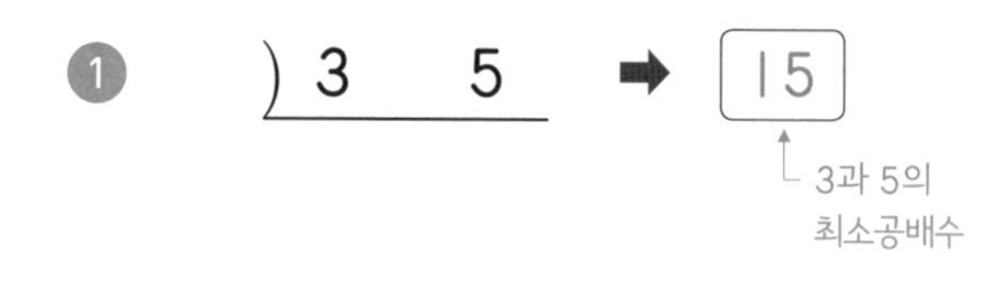

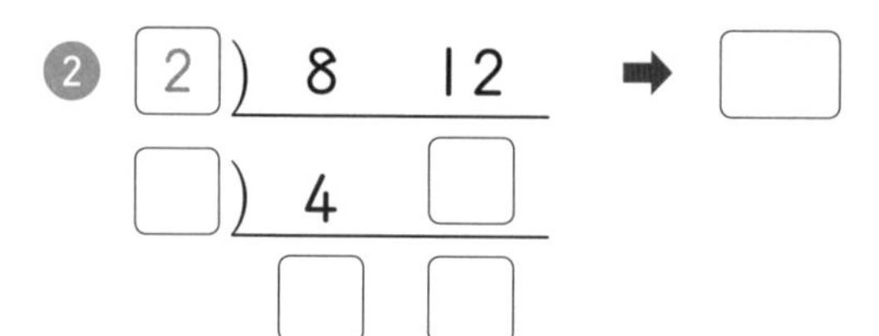

③) 14 21 ➡ ☐

④) 9 15 ➡ ☐

⑤) 10 14 ➡ ☐

⑥) 8 18 ➡ ☐

⑦) 3 11 ➡ ☐

⑧) 35 10 ➡ ☐

⑨) 12 16 ➡ ☐

⑩) 4 20 ➡ ☐

⑪) 20 80 ➡ ☐

'최소'는 '가장 작은'이라는 뜻!
공배수 중 가장 작은 수는
최소공배수!

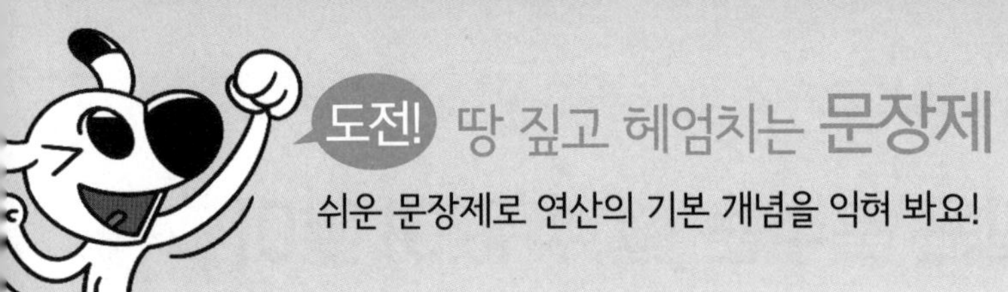

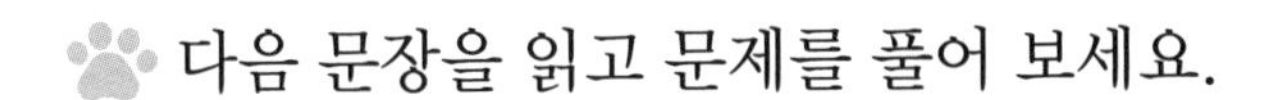

다음 문장을 읽고 문제를 풀어 보세요.

1. 6과 9의 최소공배수는 무엇일까요?

____

2. 12와 15의 공배수 중 가장 작은 수는 무엇일까요?

____

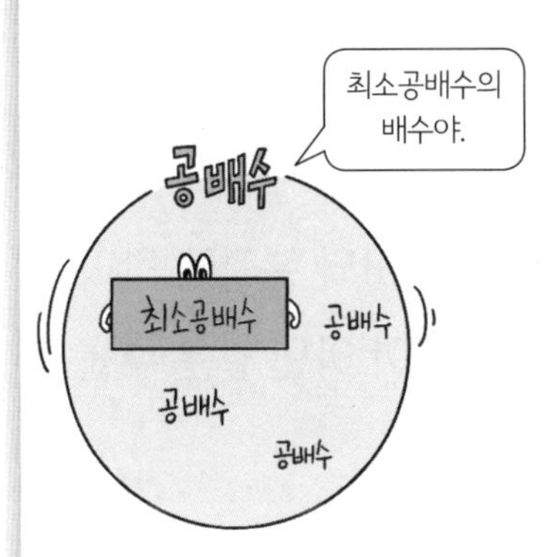

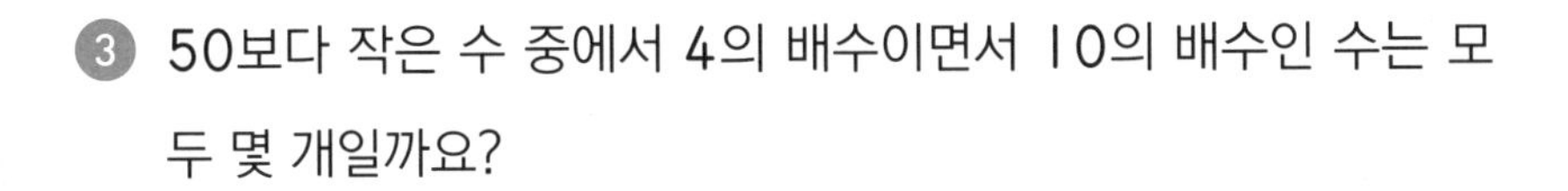

3. 50보다 작은 수 중에서 4의 배수이면서 10의 배수인 수는 모두 몇 개일까요?

____

4. 어떤 수는 3으로 나누어도 6으로 나누어도 모두 나누어떨어집니다. 어떤 수 중 가장 작은 수는 무엇일까요?

____

3 '4의 배수이면서 10의 배수인 수'는 4와 10의 공배수예요.

4 '어떤 수가 3으로 나누어떨어진다'는 것은 어떤 수가 3의 배수임을 말해요. 즉, 어떤 수는 3과 6의 공배수예요.

04 크기가 같은 분수는 셀 수 없이 많아

크기가 같은 분수

색칠한 부분의 크기가 같으므로 $\frac{1}{3}$, $\frac{2}{6}$, $\frac{4}{12}$의 크기는 모두 같습니다.

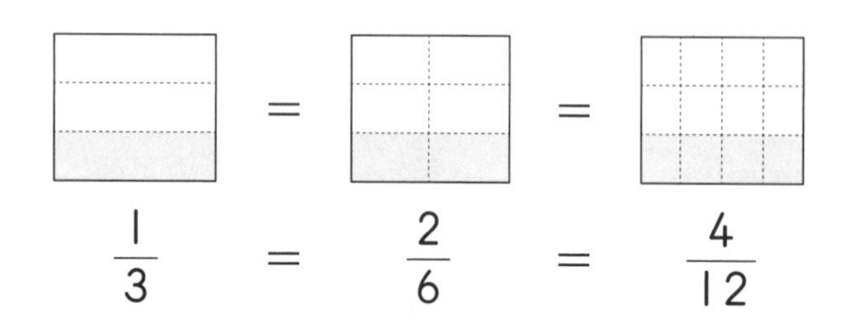

$$\frac{1}{3} = \frac{2}{6} = \frac{4}{12}$$

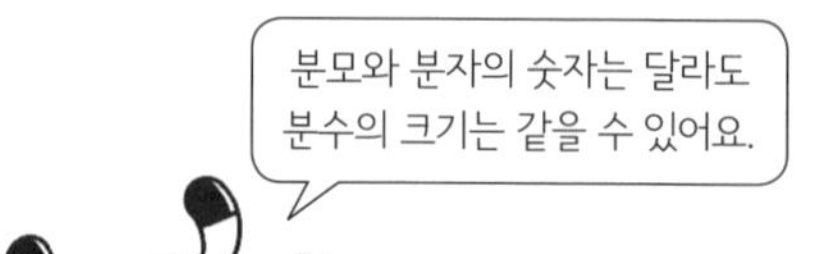

크기가 같은 분수 만드는 방법

분모와 분자에 각각 0이 아닌 같은 수를 [1] ______.

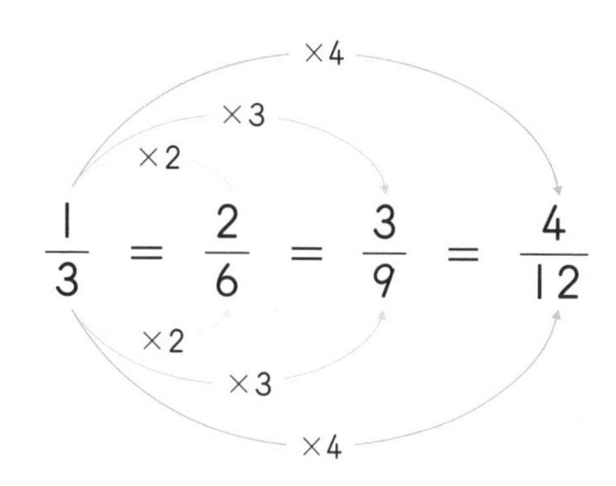

$$\frac{1}{3} = \frac{2}{6} = \frac{3}{9} = \frac{4}{12}$$

분모와 분자를 각각 0이 아닌 같은 수로 [2] ______.

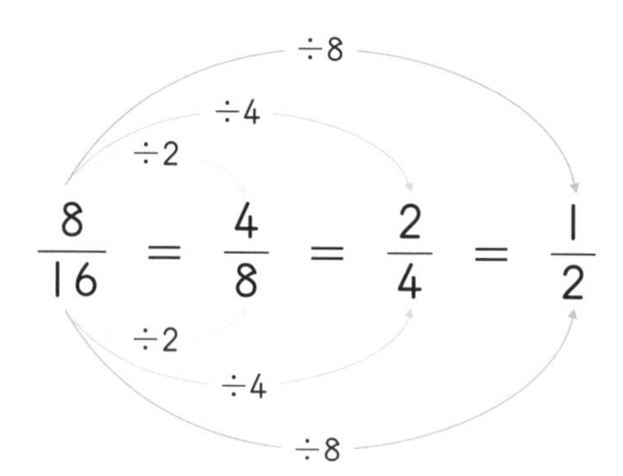

$$\frac{8}{16} = \frac{4}{8} = \frac{2}{4} = \frac{1}{2}$$

앗! 실수

- **분모와 분자에는 0을 곱하거나 나눌 수 없어요.**

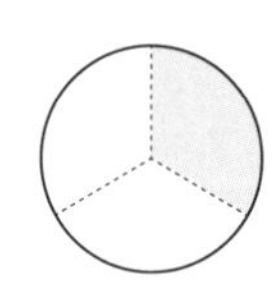 $\frac{1 \div 0}{3 \div 0}$, $\frac{1 \times 0}{3 \times 0} = \frac{0}{0}$ $\neq$ 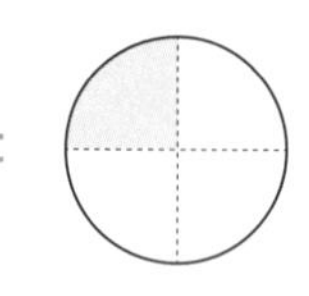 $\frac{1 \div 0}{4 \div 0}$, $\frac{1 \times 0}{4 \times 0} = \frac{0}{0}$

분모와 분자에 0을 곱하면 그 값이 0이 되어서 $\frac{0}{0}$꼴의 분수가 되어 모든 분수의 크기가 같다는 오류가 생겨요.

1. 곱합니다 2. 나눕니다

분모와 분자에 각각 0이 아닌 같은 수를 곱하면 크기가 같은 분수를 만들 수 있어요.

$\frac{1}{4}=\frac{1\times2}{4\times2}=\frac{2}{8}$, $\frac{1}{4}=\frac{1\times3}{4\times3}=\frac{3}{12}$, $\frac{1}{4}=\frac{1\times4}{4\times4}=\frac{4}{16}$ ➡ $\frac{1}{4}=\frac{2}{8}=\frac{3}{12}=\frac{4}{16}$

□ 안에 알맞은 수를 써넣어 크기가 같은 분수를 만드세요.

1. $\frac{1}{2}=\frac{\boxed{2}}{4}=\frac{\boxed{3}}{6}=\frac{\boxed{4}}{8}=\frac{\square}{10}=\frac{\square}{12}=\frac{\square}{14}$

2. $\frac{2}{3}=\frac{\square}{6}=\frac{\square}{9}=\frac{\square}{12}=\frac{\square}{15}=\frac{\square}{18}=\frac{\square}{21}$

3. $\frac{1}{8}=\frac{2}{\square}=\frac{3}{\square}=\frac{4}{\square}=\frac{5}{\square}=\frac{6}{\square}=\frac{7}{\square}$

4. $\frac{3}{4}=\frac{\square}{8}=\frac{\square}{12}=\frac{12}{\square}=\frac{15}{\square}=\frac{\square}{24}=\frac{\square}{28}$

5. $\frac{3}{5}=\frac{6}{\square}=\frac{\square}{15}=\frac{12}{\square}=\frac{15}{\square}=\frac{18}{\square}=\frac{\square}{35}$

6. $\frac{4}{7}=\frac{8}{\square}=\frac{12}{\square}=\frac{\square}{28}=\frac{\square}{35}=\frac{24}{\square}=\frac{28}{\square}$

7. $\frac{5}{6}=\frac{10}{\square}=\frac{\square}{18}=\frac{20}{\square}=\frac{\square}{30}=\frac{30}{\square}=\frac{\square}{42}$

8. $\frac{2}{9}=\frac{\square}{18}=\frac{6}{\square}=\frac{8}{\square}=\frac{\square}{45}=\frac{\square}{54}=\frac{14}{\square}$

분모와 분자를 나눈 수를 알면 □ 안의 수를 구할 수 있어요.

□ 안에 알맞은 수를 써넣어 크기가 같은 분수를 만드세요.

① $\frac{16}{48}=\frac{\square}{24}=\frac{\square}{12}=\frac{\square}{6}=\frac{\square}{3}$

② $\frac{30}{60}=\frac{\square}{30}=\frac{6}{\square}=\frac{5}{\square}=\frac{\square}{4}=\frac{\square}{2}$

③ $\frac{24}{36}=\frac{\square}{18}=\frac{\square}{12}=\frac{6}{\square}=\frac{\square}{6}=\frac{2}{\square}$

④ $\frac{54}{72}=\frac{27}{\square}=\frac{18}{\square}=\frac{\square}{12}=\frac{6}{\square}=\frac{\square}{4}$

⑤ $\frac{48}{60}=\frac{24}{\square}=\frac{16}{\square}=\frac{\square}{15}=\frac{\square}{10}=\frac{\square}{5}$

⑥ $\frac{60}{80}=\frac{30}{\square}=\frac{\square}{20}=\frac{12}{\square}=\frac{\square}{8}=\frac{3}{\square}$

⑦ $\frac{50}{100}=\frac{\square}{50}=\frac{\square}{20}=\frac{\square}{10}=\frac{2}{\square}=\frac{1}{\square}$

⑧ $\frac{\square}{54}=\frac{\square}{45}=\frac{8}{36}=\frac{6}{27}=\frac{\square}{18}=\frac{\square}{9}$

도전! 땅 짚고 헤엄치는 문장제

쉬운 문장제로 연산의 기본 개념을 익혀 봐요!

다음 문장을 읽고 문제를 풀어 보세요.

1. $\frac{3}{5}$의 분모와 분자에 각각 2를 곱하여 크기가 같은 분수를 만드세요.

   ____

2. $\frac{9}{12}$의 분모와 분자를 각각 3으로 나누어 크기가 같은 분수를 만드세요.

   ____

3. $\frac{12}{20}$와 크기가 같은 분수를 분모가 가장 작은 것부터 차례대로 2개 쓰세요.

   ________, ________

4. 왼쪽 분수와 크기가 같은 분수를 모두 찾아 ○표 하세요.

   $\frac{4}{7}$ ➡ $\frac{8}{15}$ $\frac{12}{21}$ $\frac{20}{35}$ $\frac{16}{28}$

5. 왼쪽 분수와 크기가 같은 분수를 모두 찾아 ○표 하세요.

   $\frac{24}{54}$ ➡ $\frac{12}{27}$ $\frac{8}{18}$ $\frac{6}{9}$ $\frac{4}{17}$

05 간단한 분수가 되는 '약분'

✪ **약분**: 분모와 분자를 공약수로 나누어 간단한 분수로 만드는 것

✪ 약분하는 방법

분모와 분자의 공약수를 구한 후 분모와 분자를 각각 1이 아닌 [1] ☐ 로 나눕니다.

$\frac{12}{18}$] 공약수: 1, 2, 3, 6 ➡ $\frac{12}{18}=\frac{6}{9}$ (÷2) | $\frac{12}{18}=\frac{4}{6}$ (÷3) | $\frac{12}{18}=\frac{2}{3}$ (÷6)

✪ **기약분수**: 분모와 분자의 공약수가 [2] ☐ 뿐인 분수

✪ 기약분수 만드는 방법

분모와 분자가 더 이상 약분되지 않을 때까지 공약수로 나눕니다.

$\frac{12}{18}=\frac{6}{9}=\frac{2}{3}$ (÷2, ÷3)] 분모와 분자의 공약수가 1뿐인 '**기약분수**'

• **최대공약수로 기약분수 만들기!**

2)	12	18
3)	6	9
	2	3

최대공약수: 6

분모, 분자를 6으로 나누기 → $\frac{12}{18}=\frac{12\div6}{18\div6}=\frac{2}{3}$

최대공약수로 약분하면 한 번에 기약분수를 만들 수 있어요.

1. 공약수 2. 1

약분을 하면 처음 분수와 크기는 같지만 분모, 분자의 숫자가 작아져서
분수의 계산이나 크기 비교가 쉬워져요.

분수를 2 또는 3 또는 5로 약분하세요.

① $\frac{2}{4}=$

② $\frac{2}{6}=$

③ $\frac{6}{8}=$

④ $\frac{6}{9}=$

⑤ $\frac{4}{14}=$

⑥ $\frac{5}{15}=$

⑦ $\frac{15}{18}=$

⑧ $\frac{10}{15}=$

⑨ $\frac{9}{21}=$

⑩ $\frac{25}{40}=$

⑪ $\frac{6}{15}=$

⑫ $\frac{15}{33}=$

⑬ $\frac{8}{10}=$

⑭ $\frac{10}{12}=$

⑮ $\frac{15}{24}=$

⑯ $\frac{3}{15}=$

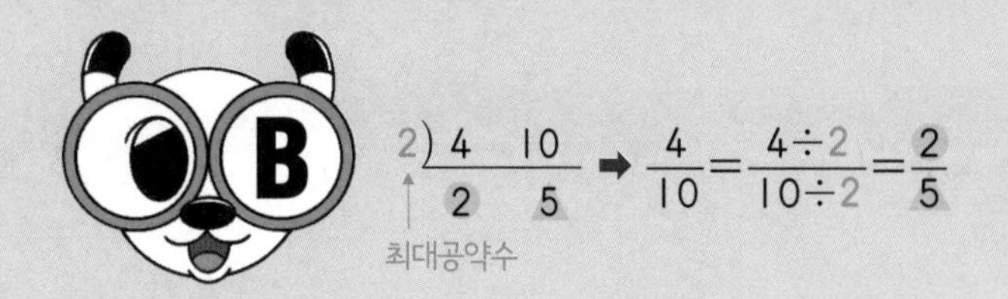

분모와 분자의 최대공약수로 약분하면 기약분수를 한 번에 만들 수 있어요.

분모와 분자의 최대공약수로 약분하여 기약분수로 나타내세요.

① $\frac{3}{6}=\frac{\square}{2}$

) 3 6 ➡ 최대공약수:

② $\frac{10}{15}=\frac{\square}{3}$

) 10 15 ➡ 최대공약수:

③ $\frac{4}{12}=\frac{\square}{3}$

) 4 12 ➡ 최대공약수:

④ $\frac{16}{20}=$

) 16 20 ➡ 최대공약수:

⑤ $\frac{6}{18}=$

) 6 18 ➡ 최대공약수:

⑥ $\frac{16}{24}=$

) 16 24 ➡ 최대공약수:

⑦ $\frac{8}{20}=$

) 8 20 ➡ 최대공약수:

⑧ $\frac{8}{32}=$

) 8 32 ➡ 최대공약수:

⑨ $\frac{21}{35}=$

) 21 35 ➡ 최대공약수:

⑩ $\frac{12}{36}=$

) 12 36 ➡ 최대공약수:

⑪ $\frac{27}{36}=$

) 27 36 ➡ 최대공약수:

거꾸로 된 나눗셈을 이용하면 기약분수의 분모와 분자를 쉽게 알 수 있어요.

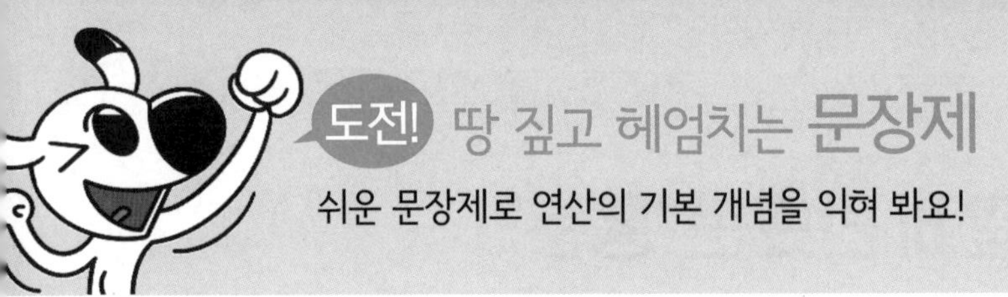

다음 문장을 읽고 문제를 풀어 보세요.

① 다음 중 $\frac{24}{64}$를 약분할 수 있는 수를 모두 찾아 쓰세요.

2, 3, 4, 8, 12, 32

_____, _____, _____

② 분모가 5인 진분수 중에서 기약분수를 모두 쓰세요.

_____, _____, _____, _____

③ 분모가 10인 진분수 중에서 기약분수를 모두 쓰세요.

_____, _____, _____, _____

④ $\frac{24}{54}$를 한 번만 약분하여 기약분수로 나타내려고 합니다. 분모와 분자를 어떤 수로 나누어야 할까요?

____

⑤ 지후네 반 학생 28명 중 남학생이 16명입니다. 지후네 반 남학생은 전체의 몇 분의 몇인지 기약분수로 나타내세요.

____

② 기약분수는 분모와 분자의 공약수가 1뿐이어야 해요.

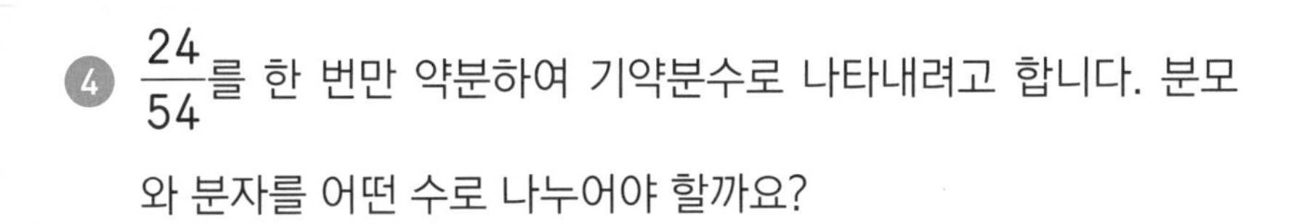

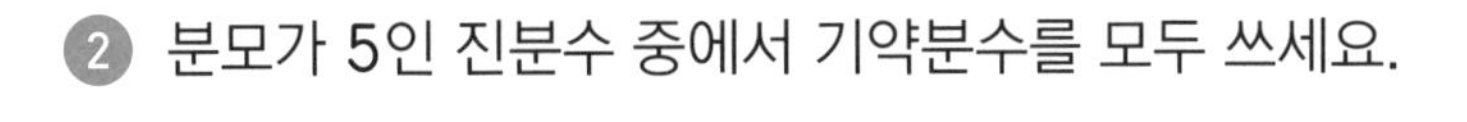

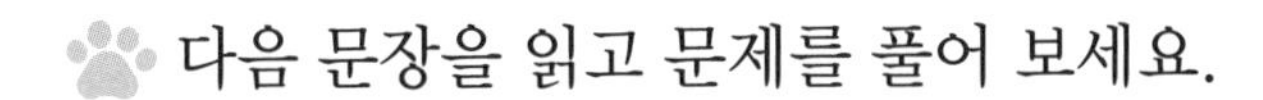

분모를 같게 만드는 '통분'

통분: 분수의 분모를 같게 하는 것

공통분모: 통분한 분모로, 두 분모의 [1] (　　) 가 공통분모가 됩니다.

$\frac{1}{2} = \frac{2}{4} = \frac{3}{6} = \frac{4}{8} = \frac{5}{10} = \frac{6}{12} \cdots\cdots$

$\frac{2}{3} = \frac{4}{6} = \frac{6}{9} = \frac{8}{12} \cdots\cdots$

➡ $\left(\frac{1}{2}, \frac{2}{3}\right)$를 통분하면 $\left(\frac{3}{6}, \frac{4}{6}\right), \left(\frac{8}{12}, \frac{8}{12}\right)$ ······입니다.

공통분모: 6, 12 ······

$\left(\frac{1}{2}, \frac{2}{3}\right) \rightarrow \left(\frac{3}{6}, \frac{4}{6}\right)$

통분하는 방법

방법1 두 분모의 [2] (　) 을 공통분모로 통분합니다.

$\left(\frac{5}{6}, \frac{1}{4}\right) \rightarrow \left(\frac{5\times4}{6\times4}, \frac{1\times6}{4\times6}\right) \rightarrow \left(\frac{20}{24}, \frac{6}{24}\right)$

방법2 두 분모의 [3] (　　) 를 공통분모로 통분합니다.

$\left(\frac{5}{6}, \frac{1}{4}\right) \rightarrow \left(\frac{5\times2}{6\times2}, \frac{1\times3}{4\times3}\right) \rightarrow \left(\frac{10}{12}, \frac{3}{12}\right)$

6과 4의 최소공배수: 12

1. 공배수 2. 곱 3. 최소공배수

$\frac{1}{2}$과 $\frac{3}{4}$을 12를 공통분모로 통분하는 방법

$\frac{1}{2}=\frac{1\times6}{2\times6}=\frac{6}{12}$, $\frac{3}{4}=\frac{3\times3}{4\times3}=\frac{9}{12}$ ➡ $\left(\frac{6}{12}, \frac{9}{12}\right)$

두 분수를 주어진 공통분모로 통분하세요.

① $\left(\frac{1}{2}, \frac{3}{4}\right)$ ➡ $\left(\frac{\square}{12}, \frac{\square}{12}\right)$

② $\left(\frac{1}{4}, \frac{7}{10}\right)$ ➡ $\left(\frac{\square}{20}, \frac{\square}{20}\right)$

③ $\left(\frac{1}{8}, \frac{5}{6}\right)$ ➡ $\left(\frac{\square}{24}, \frac{\square}{24}\right)$

④ $\left(\frac{1}{2}, \frac{3}{7}\right)$ ➡ $\left(\frac{\square}{14}, \frac{\square}{14}\right)$

⑤ $\left(\frac{3}{4}, \frac{1}{5}\right)$ ➡ $\left(\frac{\square}{20}, \frac{\square}{20}\right)$

⑥ $\left(\frac{5}{6}, \frac{2}{9}\right)$ ➡ $\left(\frac{\square}{36}, \frac{\square}{36}\right)$

⑦ $\left(\frac{1}{4}, \frac{1}{6}\right)$ ➡ $\left(\frac{\square}{24}, \frac{\square}{24}\right)$

⑧ $\left(\frac{3}{8}, \frac{3}{10}\right)$ ➡ $\left(\frac{\square}{40}, \frac{\square}{40}\right)$

⑨ $\left(\frac{3}{10}, \frac{5}{14}\right)$ ➡ $\left(\frac{\square}{70}, \frac{\square}{70}\right)$

⑩ $\left(\frac{5}{7}, \frac{1}{3}\right)$ ➡ $\left(\frac{\square}{42}, \frac{\square}{42}\right)$

⑪ $\left(1\frac{3}{4}, 1\frac{5}{12}\right)$ ➡ $\left(1\frac{\square}{36}, 1\frac{\square}{36}\right)$

⑫ $\left(2\frac{1}{5}, 1\frac{4}{15}\right)$ ➡ $\left(2\frac{\square}{30}, 1\frac{\square}{30}\right)$

힘을 내요!
통분은 분수의 계산에서
꼭 필요하니까 포기하면 안돼요~.

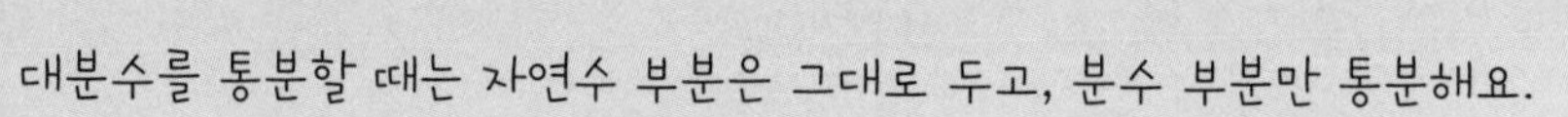

두 분수를 가장 작은 공통분모로 통분하세요.

❶ $\left(\frac{1}{4}, \frac{5}{6}\right)$ ➡ (,)

) 4 6 ➡ 최소공배수:

❷ $\left(\frac{1}{8}, \frac{5}{6}\right)$ ➡ (,)

) 8 6 ➡ 최소공배수:

❸ $\left(\frac{3}{4}, \frac{3}{10}\right)$ ➡ (,)

) 4 10 ➡ 최소공배수:

❹ $\left(\frac{2}{15}, \frac{1}{6}\right)$ ➡ (,)

) 15 6 ➡ 최소공배수:

❺ $\left(\frac{2}{9}, \frac{5}{12}\right)$ ➡ (,)

) 9 12 ➡ 최소공배수:

❻ $\left(\frac{9}{10}, \frac{2}{15}\right)$ ➡ (,)

) 10 15 ➡ 최소공배수:

❼ $\left(\frac{2}{15}, \frac{4}{21}\right)$ ➡ (,)

) 15 21 ➡ 최소공배수:

❽ $\left(\frac{3}{8}, \frac{1}{14}\right)$ ➡ (,)

) 8 14 ➡ 최소공배수:

❾ $\left(1\frac{3}{8}, 1\frac{7}{12}\right)$ ➡ (,)

) 8 12 ➡ 최소공배수:

❿ $\left(2\frac{5}{7}, 1\frac{4}{21}\right)$ ➡ (,)

) 7 21 ➡ 최소공배수:

⓫ $\left(1\frac{1}{12}, 3\frac{2}{15}\right)$ ➡ (,)

) 12 15 ➡ 최소공배수:

도전! 땅 짚고 헤엄치는 문장제

쉬운 문장제로 연산의 기본 개념을 익혀 봐요!

다음 문장을 읽고 문제를 풀어 보세요.

❶ $1\frac{5}{9}$와 $1\frac{1}{15}$을 가장 작은 공통분모로 통분하세요.

_______, _______

❷ $\frac{7}{10}$과 $\frac{5}{12}$를 통분하려고 합니다. 공통분모가 될 수 있는 수 중 가장 작은 수부터 2개 쓰세요.

_______, _______

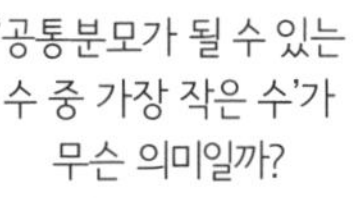

공배수 중 가장 작은
최소공배수!

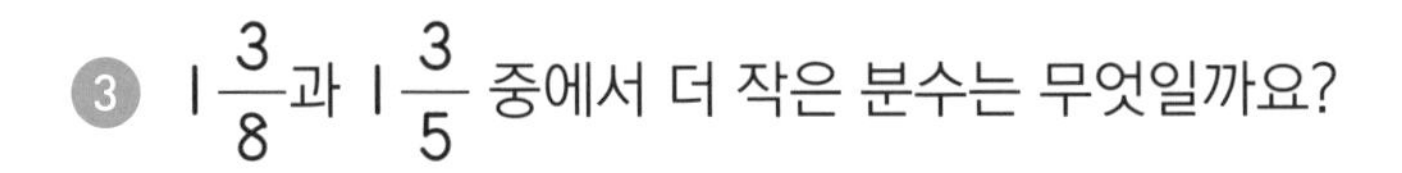

❸ $1\frac{3}{8}$과 $1\frac{3}{5}$ 중에서 더 작은 분수는 무엇일까요?

____

❹ $\frac{3}{4}$과 $\frac{4}{7}$ 중에서 더 큰 분수는 무엇일까요?

____

❺ 분모의 곱을 공통분모로 하여 통분한 것입니다. ㉠, ㉡에 알맞은 수를 차례로 쓰세요.

$\left(\frac{4}{5}, \frac{6}{7}\right)$ ➡ $\left(\frac{28}{㉠}, \frac{㉡}{35}\right)$

_______, _______

❶ 가장 작은 공통분모는 두 분모의 최소공배수를 말해요.
❹ 두 분수의 크기 비교는 분모를 같게 만든 다음 분자의 크기를 비교하면 돼요.

섞어 연습하기

07 분수의 기초 종합 문제

두 수의 최대공약수와 최소공배수를 각각 구하세요.

① 6 8

최대공약수:

최소공배수:

② 12 15

최대공약수:

최소공배수:

③ 10 12

최대공약수:

최소공배수:

④ 10 50

최대공약수:

최소공배수:

⑤ 18 30

최대공약수:

최소공배수:

⑥ 14 28

최대공약수:

최소공배수:

⑦ 70 21

최대공약수:

최소공배수:

⑧ 27 36

최대공약수:

최소공배수:

⑨ 52 20

최대공약수:

최소공배수:

⑩ 96 60

최대공약수:

최소공배수:

분수를 다루기 위해서는 '약수와 배수'를 능숙하게 다뤄야 해요.
약분은 분모와 분자의 공약수로, 통분은 두 분모의 공배수로 만들어진다는 점을 기억해요!

주어진 분수를 기약분수로 나타내세요.

① $\frac{15}{51}=$

② $\frac{14}{20}=$

③ $\frac{16}{28}=$

④ $\frac{8}{48}=$

⑤ $\frac{15}{60}=$

⑥ $\frac{18}{80}=$

⑦ $\frac{9}{45}=$

⑧ $\frac{12}{16}=$

⑨ $\frac{10}{35}=$

⑩ $\frac{20}{32}=$

⑪ $\frac{15}{27}=$

⑫ $\frac{24}{44}=$

두 분수를 가장 작은 공통분모로 통분하세요.

① $\left(\frac{2}{3}, \frac{1}{5}\right) \Rightarrow (\quad , \quad)$

② $\left(\frac{5}{6}, \frac{1}{12}\right) \Rightarrow (\quad , \quad)$

③ $\left(\frac{5}{6}, \frac{3}{8}\right) \Rightarrow (\quad , \quad)$

④ $\left(\frac{2}{9}, \frac{5}{12}\right) \Rightarrow (\quad , \quad)$

⑤ $\left(\frac{2}{7}, \frac{1}{5}\right) \Rightarrow (\quad , \quad)$

⑥ $\left(\frac{3}{4}, \frac{5}{12}\right) \Rightarrow (\quad , \quad)$

⑦ $\left(\frac{4}{15}, \frac{1}{6}\right) \Rightarrow (\quad , \quad)$

⑧ $\left(\frac{7}{8}, \frac{7}{10}\right) \Rightarrow (\quad , \quad)$

⑨ $\left(1\frac{1}{12}, 1\frac{2}{15}\right) \Rightarrow (\quad , \quad)$

⑩ $\left(2\frac{3}{10}, 2\frac{1}{4}\right) \Rightarrow (\quad , \quad)$

⑪ $\left(2\frac{5}{12}, 3\frac{1}{8}\right) \Rightarrow (\quad , \quad)$

⑫ $\left(2\frac{1}{20}, 3\frac{1}{14}\right) \Rightarrow (\quad , \quad)$

빠독이는 올바른 답이 적힌 길을 따라가 보물을 찾으려고 합니다. 빠독이가 가는 길을 표시해 보세요.

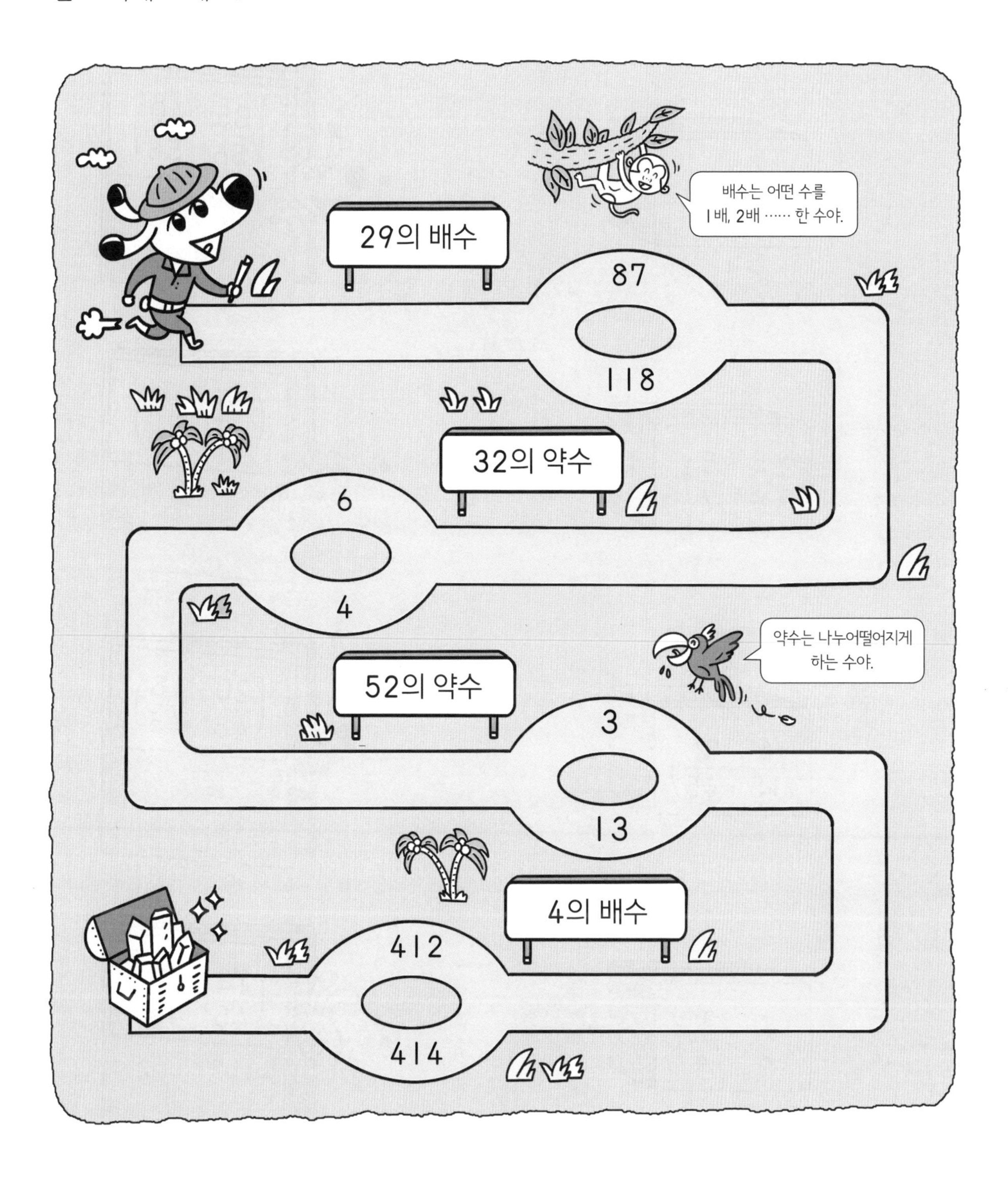

택배 상자에 적힌 두 분수를 통분하면 배달할 집을 찾을 수 있어요. 택배 상자와 배달할 집을 선으로 이어 보세요.

둘째 마당

분수의 덧셈

분모가 다른 분수의 덧셈도 분모를 같게 만들어 계산해야 해요. 첫째 마당에서 분모를 같게 만드는 방법을 연습했으니 어렵지 않을 거예요. 이번 마당을 통해 통분과 가분수를 대분수로 바꾸는 것을 자유자재로 하게 된다면 분수의 덧셈이 쉬워질 거예요.

공부할 내용!	완료	10일 진도	
08 분모가 같은 덧셈은 분자끼리 더해	□	3일차	4일차
09 분모가 다르면 분모를 같게 만들어	□		5일차
10 분모가 다른 대분수도 통분이 먼저야	□	4일차	
11 분수의 덧셈 종합 문제	□		6일차

08 분모가 같은 덧셈은 분자끼리 더해

✪ 분모가 같은 진분수의 덧셈

분모는 그대로 두고, [1] ☐ 끼리 더합니다.

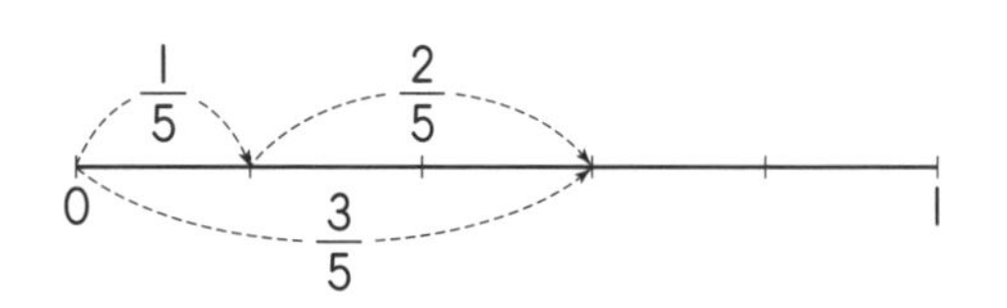

분자끼리 더하고

$$\frac{1}{5}+\frac{2}{5}=\frac{1+2}{5}=\frac{3}{5}$$

분모는 그대로!

✪ 분모가 같은 대분수의 덧셈

자연수는 [2] ☐ 끼리, 분수는 [3] ☐ 끼리 더합니다.

분수는 분수끼리

$$2\frac{1}{5}+1\frac{2}{5}=(2+1)+\left(\frac{1}{5}+\frac{2}{5}\right)=3+\frac{3}{5}=3\frac{3}{5}$$

자연수는 자연수끼리

대분수를 가분수로 바꿔서 계산할 수도 있어요.

$$2\frac{1}{5}+1\frac{2}{5}=\frac{11}{5}+\frac{7}{5}=\frac{18}{5}=3\frac{3}{5}$$

대분수를 가분수로!

- 진분수는 자연수 부분이 0이에요.

$$1\frac{2}{7}+\frac{3}{7}=1\frac{2}{7}+\boxed{0}\frac{3}{7}$$
$$=1+\left(\frac{2}{7}+\frac{3}{7}\right)$$
$$=1\frac{5}{7}$$

- 자연수는 분수 부분이 0이에요.

$$2+1\frac{2}{7}=2\boxed{}+1\frac{2}{7}$$
$$=(2+1)+\frac{2}{7}$$
$$=3\frac{2}{7}$$

1. 분자 2. 자연수 3. 분수

A

$\frac{1}{5}+\frac{3}{5}=\frac{1+3}{5}=\frac{4}{5}$ 분모가 같은 진분수의 덧셈은 분모는 그대로 두고, 분자끼리 더해요.

분수의 덧셈을 하세요.

❶ $\frac{1}{3}+\frac{1}{3}=\frac{\square+\square}{3}=\frac{\square}{3}$

❷ $\frac{3}{5}+\frac{1}{5}=\frac{\square}{5}$

❸ $\frac{1}{10}+\frac{3}{10}=\frac{\square+\square}{10}=\frac{\square}{10}=\frac{\square}{5}$

기약분수로 나타내요.

❹ $\frac{1}{8}+\frac{3}{8}=\frac{\square}{8}=\frac{\square}{2}$

❺ $\frac{2}{7}+\frac{4}{7}=$

❻ $\frac{5}{9}+\frac{2}{9}=$

❼ $\frac{3}{10}+\frac{3}{10}=$

❽ $\frac{1}{7}+\frac{3}{7}=$

❾ $\frac{5}{17}+\frac{6}{17}=$

❿ $\frac{7}{11}+\frac{3}{11}=$

⓫ $\frac{1}{10}+\frac{7}{10}=$

⓬ $\frac{11}{30}+\frac{17}{30}=$

⓭ $\frac{10}{19}+\frac{4}{19}=$

⓮ $\frac{5}{11}+\frac{2}{11}=$

⓯ $\frac{1}{12}+\frac{5}{12}=$

⓰ $\frac{9}{13}+\frac{3}{13}=$

B

$1\frac{2}{7}+2\frac{3}{7}=(1+2)+\left(\frac{2}{7}+\frac{3}{7}\right)=3\frac{5}{7}$

분모가 같은 대분수의 덧셈은
자연수는 자연수끼리, 분수는 분수끼리 더해요.

분수의 덧셈을 하세요.

① $2\frac{3}{7}+1\frac{1}{7}=\square+\frac{\square}{7}=\square\frac{\square}{7}$

② $2\frac{1}{5}+4\frac{3}{5}=\square+\frac{\square}{5}=\square\frac{\square}{5}$

③ $2\frac{1}{7}+2\frac{4}{7}=$

④ $2\frac{1}{9}+4\frac{4}{9}=$

⑤ $3\frac{2}{11}+1\frac{5}{11}=$

⑥ $1\frac{4}{15}+3\frac{4}{15}=$

⑦ $3\frac{1}{5}+2\frac{3}{5}=$

⑧ $1\frac{3}{13}+4\frac{8}{13}=$

⑨ $1\frac{2}{17}+2\frac{6}{17}=$

⑩ $2\frac{3}{8}+3\frac{3}{8}=$

⑪ $2\frac{1}{9}+\frac{1}{9}=\square+\frac{\square}{9}=\square\frac{\square}{9}$

⑫ $2+1\frac{1}{4}=\square\frac{\square}{4}$

⑬ $1\frac{1}{3}+\frac{1}{3}=$

⑭ $\frac{5}{9}+3\frac{2}{9}=$

⑮ $2\frac{1}{13}+3=$

⑯ $4+1\frac{7}{40}=$

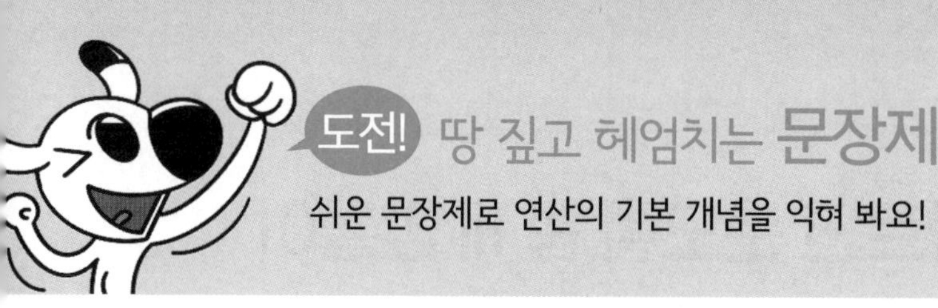

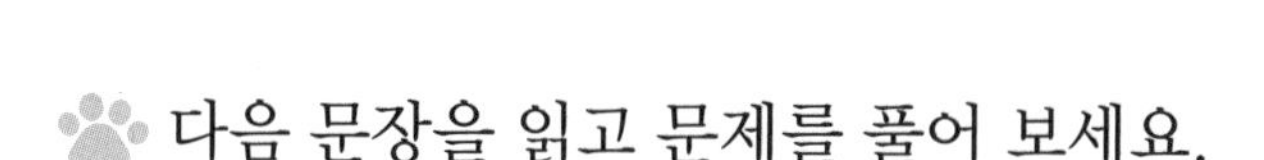

다음 문장을 읽고 문제를 풀어 보세요.

① $\frac{1}{7}$과 $\frac{2}{7}$의 합은 얼마일까요?

____

② 길이가 각각 $\frac{3}{5}$ m와 $\frac{1}{5}$ m인 색 테이프의 길이의 합은 몇 m일까요?

____

③ 지후는 $\frac{4}{9}$시간 동안 책을 읽었고, $1\frac{1}{9}$시간 동안 숙제를 했습니다. 지후가 책을 읽고, 숙제를 한 시간은 모두 몇 시간일까요?

____

④ 집에서 학교까지의 거리는 $1\frac{1}{5}$km이고, 학교에서 도서관까지의 거리는 $1\frac{2}{5}$km입니다. 집에서 학교를 거쳐 도서관까지의 거리는 몇 km일까요?

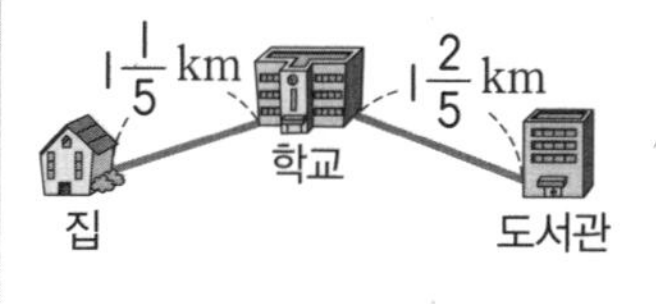

____

⑤ 8등분 된 피자에서 재석이는 한 조각을, 종국이는 두 조각을 먹었습니다. 두 사람이 먹은 피자는 전체의 몇 분의 몇일까요?

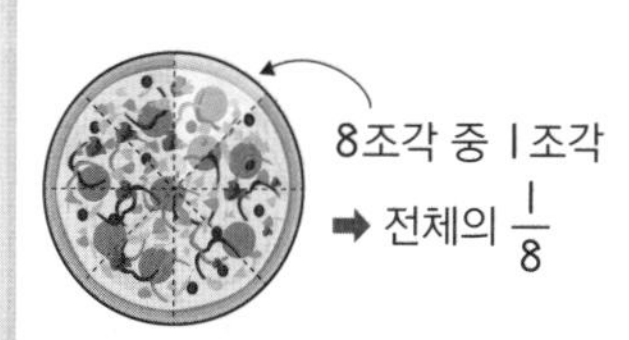

____

09 분모가 다르면 분모를 같게 만들어

✪ 두 분모의 곱을 공통분모로 통분하기

$$\frac{1}{4}+\frac{1}{6}=\frac{1\times6}{4\times6}+\frac{1\times4}{6\times4}$$

분모의 곱: 24

$$=\frac{6}{24}+\frac{4}{24}=\frac{\overset{5}{\cancel{10}}}{\underset{12}{\cancel{24}}}=\frac{5}{12}$$

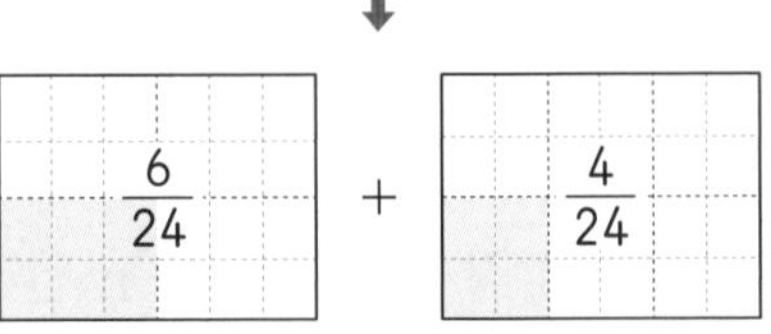

✪ 두 분모의 최소공배수를 공통분모로 통분하기

$$\frac{1}{4}+\frac{1}{6}=\frac{1\times3}{4\times3}+\frac{1\times2}{6\times2}$$

최소공배수: 12

$$=\frac{3}{12}+\frac{2}{12}=\frac{5}{12}$$

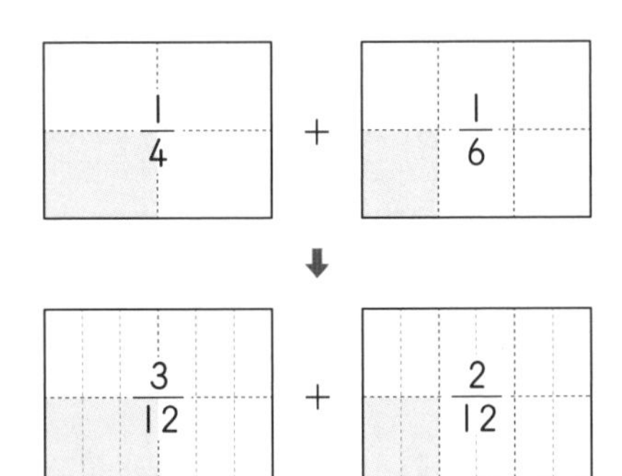

- **통분할 때 분모, 분자에 곱하는 수 쉽게 구하는 방법!**

방법1 두 분모의 곱으로 통분하는 경우

$$\frac{1}{4}+\frac{1}{6}=\frac{1\times6}{4\times6}+\frac{1\times4}{6\times4}$$

➡ 분모를 서로 엇갈리게 곱해요.

방법2 두 분모의 최소공배수로 통분하는 경우

$$2\,)\,\underline{4\quad6}$$
$$\quad 2\quad 3$$

➡ $\frac{1}{4}+\frac{1}{6}=\frac{1\times3}{4\times3}+\frac{1\times2}{6\times2}$

➡ 거꾸로 된 나눗셈에서 마지막 줄의 몫을 서로 엇갈리게 곱해요.

A

$\frac{1}{2}+\frac{1}{5}=\frac{5}{10}+\frac{2}{10}=\frac{7}{10}$

두 분모의 공약수가 1뿐이면 두 분모의 최소공배수는
두 분모의 곱과 같아요.

분수의 덧셈을 하세요.

① $\frac{1}{2}+\frac{1}{3}=\frac{\square}{6}+\frac{\square}{6}=\frac{\square}{6}$

② $\frac{1}{3}+\frac{1}{4}=$

③ $\frac{1}{3}+\frac{2}{5}=$

④ $\frac{2}{3}+\frac{1}{4}=$

⑤ $\frac{2}{7}+\frac{1}{3}=$

⑥ $\frac{2}{7}+\frac{1}{8}=$

⑦ $\frac{3}{8}+\frac{2}{5}=$

⑧ $\frac{1}{8}+\frac{2}{3}=$

⑨ $\frac{3}{4}+\frac{1}{5}=$

⑩ $\frac{1}{2}+\frac{1}{11}=$

⑪ $\frac{3}{4}+\frac{1}{7}=$

⑫ $\frac{3}{5}+\frac{2}{7}=$

⑬ $\frac{2}{3}+\frac{3}{10}=$

⑭ $\frac{2}{9}+\frac{3}{4}=$

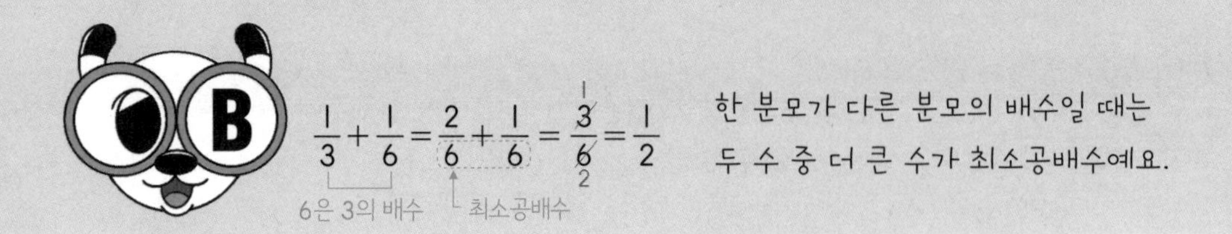

분수의 덧셈을 하세요.

① $\frac{1}{2}+\frac{1}{4}=\frac{\square}{4}+\frac{\square}{4}=\frac{\square}{4}$

② $\frac{2}{3}+\frac{1}{6}=$

③ $\frac{1}{4}+\frac{3}{8}=$

④ $\frac{1}{5}+\frac{1}{10}=$

⑤ $\frac{2}{25}+\frac{2}{5}=$

⑥ $\frac{1}{6}+\frac{5}{12}=$

⑦ $\frac{2}{3}+\frac{1}{9}=$

⑧ $\frac{1}{2}+\frac{3}{16}=$

⑨ $\frac{1}{5}+\frac{7}{20}=$

⑩ $\frac{5}{12}+\frac{1}{24}=$

⑪ $\frac{4}{11}+\frac{14}{33}=$

⑫ $\frac{7}{36}+\frac{5}{9}=$

⑬ $\frac{3}{10}+\frac{7}{20}=$

⑭ $\frac{1}{6}+\frac{7}{30}=$

$4\overline{)}\ \frac{1}{8}+\frac{1}{12}=\frac{3}{24}+\frac{2}{24}=\frac{5}{24}$ (2, 3)

거꾸로 된 나눗셈을 이용하여 최소공배수를 구하고, 그림처럼 엇갈리게 곱해 통분해요.

분수의 덧셈을 하세요.

1. $\frac{2}{9}+\frac{1}{6}=$

2. $\frac{1}{4}+\frac{7}{10}=$

3. $\frac{1}{12}+\frac{1}{10}=$

4. $\frac{5}{8}+\frac{1}{12}=$

5. $\frac{3}{10}+\frac{7}{15}=$

6. $\frac{3}{4}+\frac{1}{14}=$

7. $\frac{1}{6}+\frac{7}{10}=$

8. $\frac{2}{9}+\frac{5}{12}=$

9. $\frac{3}{25}+\frac{3}{10}=$

10. $\frac{5}{12}+\frac{5}{18}=$

11. $\frac{5}{21}+\frac{8}{15}=$

12. $\frac{1}{12}+\frac{2}{15}=$

13. $\frac{2}{15}+\frac{1}{10}=$

분모를 같게 만들어야 분자끼리 더할 수 있어요.

$\frac{2}{3}+\frac{1}{4}$

도전! 땅 짚고 헤엄치는 문장제

쉬운 문장제로 연산의 기본 개념을 익혀 봐요!

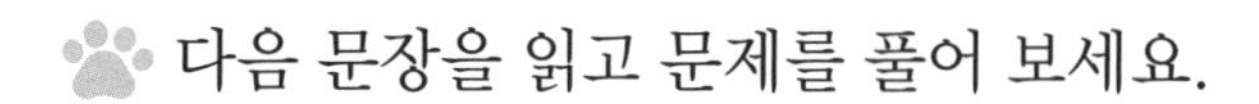

다음 문장을 읽고 문제를 풀어 보세요.

① $\frac{2}{5}$와 $\frac{3}{7}$의 합은 얼마일까요?

② 길이가 각각 $\frac{1}{2}$ m와 $\frac{1}{16}$ m인 리본의 길이의 합은 몇 m일까요?

③ 찬물 $\frac{3}{4}$ L와 더운물 $\frac{1}{6}$ L가 있습니다. 찬물과 더운물을 합하면 물은 모두 몇 L일까요?

④ 컴퓨터를 아빠는 $\frac{1}{3}$시간, 명수는 $\frac{2}{5}$시간 동안 사용했습니다. 두 사람이 컴퓨터를 사용한 시간은 모두 몇 시간일까요?

⑤ 텃밭 전체의 $\frac{3}{4}$에는 배추를 심고, $\frac{1}{8}$에는 무를 심었습니다. 배추와 무를 심은 곳은 텃밭 전체의 몇 분의 몇일까요?

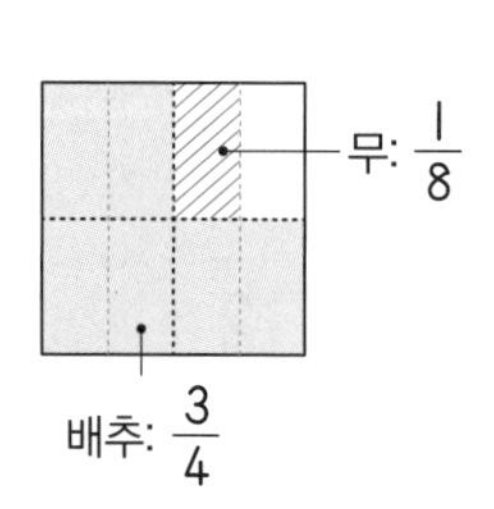

분모가 다른 대분수도 통분이 먼저야

✪ 분모가 다른 대분수의 계산

방법1 통분한 다음 자연수는 자연수끼리, 분수는 분수끼리 계산하기

$$1\frac{1}{5}+2\frac{1}{3}=1\frac{3}{15}+2\frac{5}{15}=(1+2)+\left(\frac{3}{15}+\frac{5}{15}\right)=3+\frac{8}{15}=3\frac{8}{15}$$

통분해요. 자연수끼리, 분수끼리 더해요.

방법2 가분수로 바꿔서 계산하기

$$1\frac{1}{5}+2\frac{1}{3}=\frac{6}{5}+\frac{7}{3}=\frac{18}{15}+\frac{35}{15}=\frac{53}{15}=3\frac{8}{15}$$

대분수를 가분수로! 통분해요.

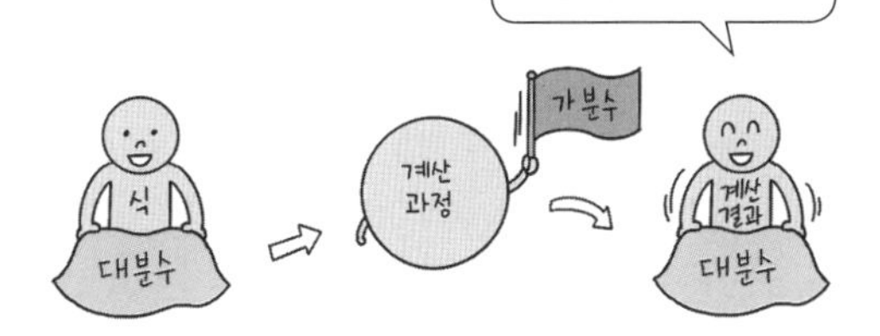

✪ 분수끼리의 합이 가분수인 경우

계산 결과의 분수 부분이 가분수인 경우 반드시 대분수로 바꿔서 나타내어야 합니다.

$$\frac{2}{3}+1\frac{5}{9}=\frac{6}{9}+1\frac{5}{9}=1\frac{11}{9}=2\frac{2}{9}$$

자연수 부분은 1 커지고,
분자는 분모만큼 작아져요.

앗! 실수

- **대분수를 통분할 때 자연수 부분은 그 수가 변하지 않아요.**

바른 계산 $1\frac{1}{5}=1\frac{3}{15}$ (=)　　틀린 계산 $1\frac{1}{5}=3\frac{3}{15}$ (×3)

통분할 때 분수 부분의 분자와 분모는 그 수가 변하더라도 크기는 변하지 않아요.
따라서 자연수 부분의 크기도 변하지 않아야 해요.

$7)\ 1\frac{1}{7}+2\frac{1}{14}=1\frac{2}{14}+2\frac{1}{14}=3\frac{3}{14}$

자연수 부분을 그대로 두고,
분수 부분을 서로 엇갈려 곱해 계산해요.

분수의 덧셈을 하세요.

① $1\frac{1}{2}+1\frac{1}{4}=$

② $2\frac{3}{10}+1\frac{1}{4}=$

③ $1\frac{1}{3}+1\frac{1}{9}=$

④ $2\frac{1}{22}+2\frac{4}{11}=$

⑤ $2\frac{1}{12}+1\frac{3}{10}=$

⑥ $3\frac{3}{14}+5\frac{2}{21}=$

⑦ $2\frac{3}{8}+3\frac{5}{18}=$

⑧ $2\frac{1}{4}+3\frac{1}{6}=$

⑨ $1\frac{3}{10}+3\frac{2}{5}=$

⑩ $1\frac{4}{25}+1\frac{19}{75}=$

⑪ $3\frac{5}{6}+2\frac{1}{12}=$

⑫ $5\frac{7}{24}+1\frac{13}{30}=$

⑬ $1\frac{3}{8}+1\frac{3}{10}=$

⑭ $2\frac{3}{10}+1\frac{7}{20}=$

계산 결과가 가분수이면 대분수로 바꿔서 나타내요.

분수의 덧셈을 하세요.

❶ $1\frac{2}{3}+\frac{5}{9}=$

❷ $2\frac{3}{5}+4\frac{5}{6}=$

❸ $2\frac{3}{4}+1\frac{3}{7}=$

❹ $3\frac{8}{9}+2\frac{7}{12}=$

❺ $1\frac{3}{5}+\frac{7}{10}=$

❻ $4\frac{2}{7}+1\frac{5}{6}=$

❼ $3\frac{3}{4}+\frac{5}{6}=$

❽ $3\frac{5}{6}+2\frac{5}{8}=$

❾ $\frac{3}{8}+3\frac{7}{10}=$

❿ $2\frac{2}{3}+4\frac{5}{7}=$

⓫ $\frac{4}{5}+4\frac{1}{3}=$

⓬ $3\frac{3}{4}+1\frac{3}{5}=$

⓭ $\frac{3}{8}+3\frac{11}{14}=$

계산 결과의 분수 부분이 약분이 되면 기약분수로 나타내요.

분수의 덧셈을 하세요.

① $2\frac{1}{3}+2\frac{2}{9}=$

② $1\frac{2}{11}+1\frac{3}{22}=$

③ $3\frac{3}{10}+1\frac{1}{2}=$

④ $2\frac{3}{4}+1\frac{1}{7}=$

⑤ $3\frac{5}{6}+2\frac{1}{12}=$

⑥ $3\frac{1}{2}+1\frac{4}{9}=$

⑦ $3\frac{5}{21}+2\frac{7}{12}=$

⑧ $1\frac{3}{10}+2\frac{3}{8}=$

⑨ $1\frac{1}{10}+2\frac{5}{14}=$

⑩ $4\frac{7}{12}+1\frac{1}{8}=$

⑪ $1\frac{5}{12}+2\frac{2}{15}=$

⑫ $1\frac{5}{18}+1\frac{7}{12}=$

⑬ $2\frac{8}{15}+3\frac{3}{20}=$

⑭ $4\frac{2}{9}+2\frac{1}{27}=$

계산 결과의 분수 부분이 가분수이면 대분수로 바꿔서 나타내요.

분수의 덧셈을 하세요.

1. $1\frac{2}{3}+2\frac{4}{5}=$

2. $1\frac{5}{6}+1\frac{5}{8}=$

3. $1\frac{3}{4}+2\frac{4}{5}=$

4. $2\frac{4}{5}+3\frac{8}{15}=$

5. $2\frac{3}{4}+2\frac{9}{10}=$

6. $2\frac{3}{4}+1\frac{5}{6}=$

7. $1\frac{5}{6}+1\frac{8}{9}=$

8. $1\frac{7}{12}+1\frac{7}{15}=$

9. $1\frac{7}{12}+2\frac{3}{4}=$

10. $1\frac{5}{7}+\frac{2}{3}=$

11. $2\frac{4}{9}+1\frac{3}{4}=$

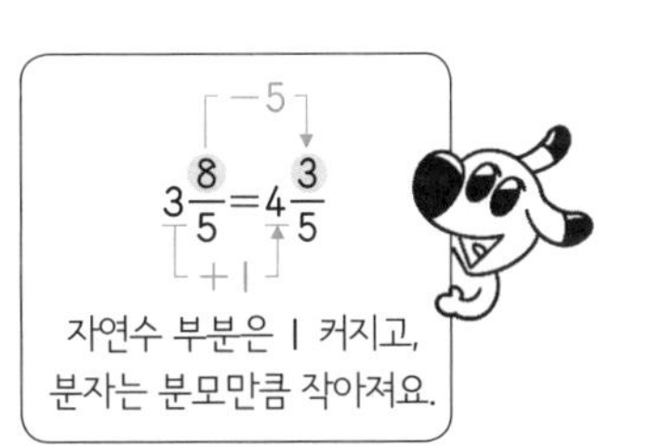

도전! 땅 짚고 헤엄치는 문장제

쉬운 문장제로 연산의 기본 개념을 익혀 봐요!

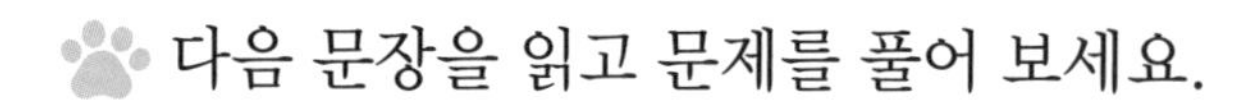

다음 문장을 읽고 문제를 풀어 보세요.

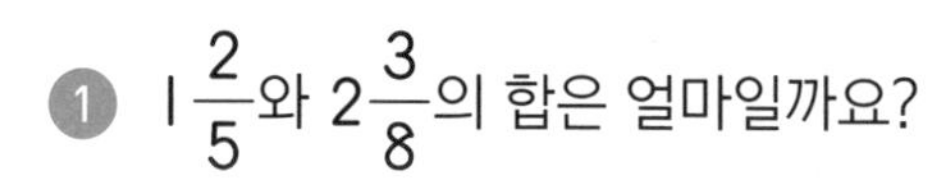

① $1\frac{2}{5}$와 $2\frac{3}{8}$의 합은 얼마일까요?

____

② 가장 큰 분수와 가장 작은 분수의 합은 얼마일까요?

$1\frac{5}{18}$, $1\frac{8}{9}$, $1\frac{1}{6}$

____

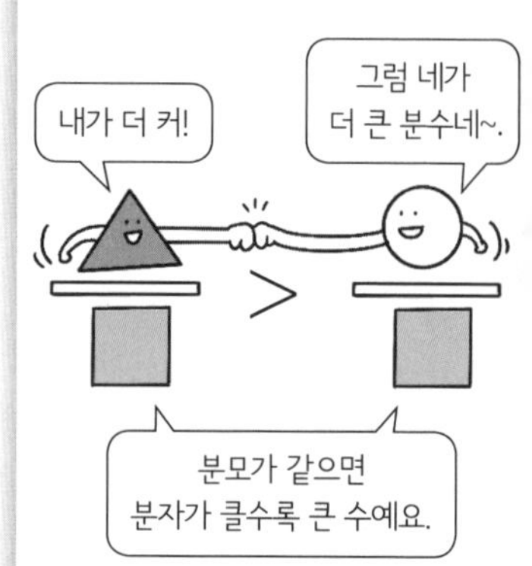

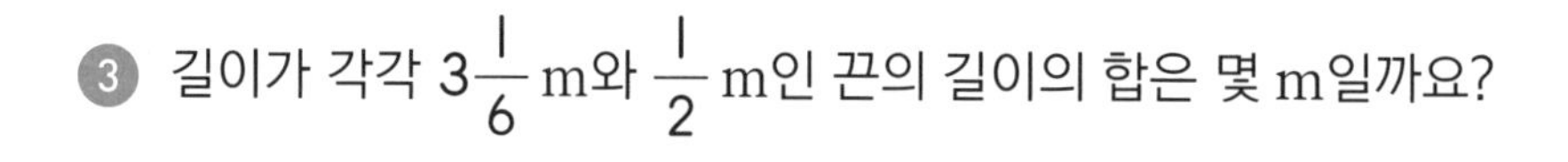

③ 길이가 각각 $3\frac{1}{6}$ m와 $\frac{1}{2}$ m인 끈의 길이의 합은 몇 m일까요?

____

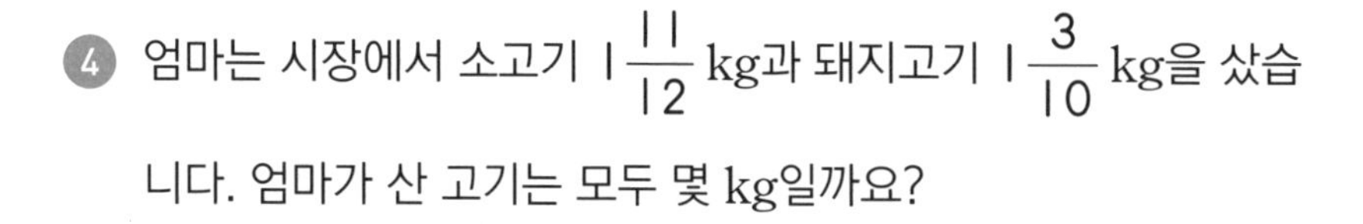

④ 엄마는 시장에서 소고기 $1\frac{11}{12}$ kg과 돼지고기 $1\frac{3}{10}$ kg을 샀습니다. 엄마가 산 고기는 모두 몇 kg일까요?

____

② 분수를 통분하면 분수의 크기를 비교할 수 있어요.

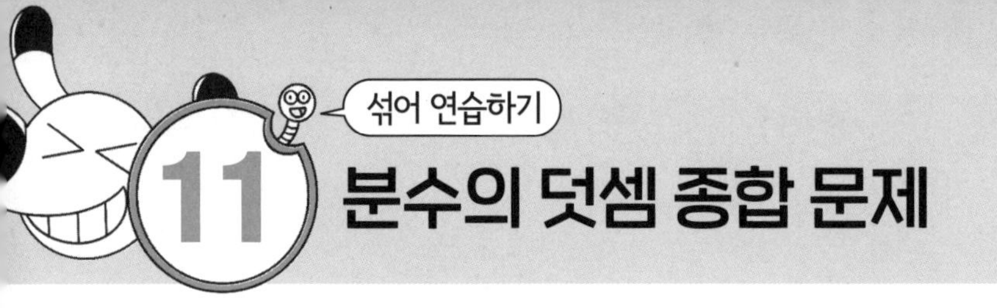

분수의 덧셈을 하세요.

① $\frac{8}{13}+\frac{4}{13}=$

② $\frac{2}{11}+\frac{5}{11}=$

③ $\frac{5}{36}+\frac{7}{36}=$

④ $\frac{11}{50}+\frac{17}{50}=$

⑤ $\frac{13}{25}+\frac{11}{25}=$

⑥ $\frac{13}{36}+\frac{19}{36}=$

⑦ $\frac{5}{12}+\frac{1}{3}=$

⑧ $\frac{3}{4}+\frac{1}{7}=$

⑨ $\frac{1}{3}+\frac{2}{9}=$

⑩ $\frac{1}{4}+\frac{1}{6}=$

⑪ $\frac{3}{5}+\frac{1}{10}=$

⑫ $\frac{3}{7}+\frac{5}{42}=$

⑬ $\frac{11}{20}+\frac{5}{12}=$

⑭ $\frac{7}{9}+\frac{1}{12}=$

분수의 덧셈을 하세요.

❶ $\frac{7}{10}+\frac{3}{8}=$

❷ $\frac{1}{3}+\frac{4}{5}=$

❸ $\frac{5}{6}+\frac{2}{3}=$

❹ $\frac{9}{10}+\frac{11}{20}=$

❺ $\frac{4}{5}+\frac{6}{7}=$

❻ $\frac{3}{4}+\frac{5}{8}=$

❼ $\frac{5}{6}+\frac{5}{8}=$

❽ $\frac{10}{11}+\frac{19}{33}=$

❾ $\frac{13}{15}+\frac{5}{6}=$

❿ $\frac{11}{14}+\frac{13}{42}=$

⓫ $\frac{2}{3}+\frac{13}{15}=$

⓬ $\frac{9}{11}+\frac{1}{2}=$

⓭ $\frac{5}{6}+\frac{5}{9}=$

⓮ $\frac{7}{15}+\frac{29}{45}=$

분수의 덧셈을 하세요.

① $1\frac{1}{2}+1\frac{1}{3}=$

② $1\frac{3}{4}+1\frac{1}{8}=$

③ $2\frac{1}{4}+1\frac{1}{20}=$

④ $1\frac{3}{5}+2\frac{1}{15}=$

⑤ $3\frac{2}{9}+2\frac{5}{7}=$

⑥ $1\frac{5}{12}+2\frac{3}{8}=$

⑦ $1\frac{3}{10}+\frac{2}{15}=$

⑧ $1\frac{5}{8}+1\frac{1}{6}=$

⑨ $1\frac{3}{7}+1\frac{9}{14}=$

⑩ $1\frac{1}{6}+2\frac{7}{12}=$

⑪ $2\frac{1}{3}+\frac{4}{5}=$

⑫ $3\frac{3}{4}+1\frac{7}{8}=$

⑬ $2\frac{2}{13}+1\frac{7}{39}=$

⑭ $3\frac{5}{6}+1\frac{1}{2}=$

빠독이와 친구들이 낚시를 하고 있습니다. 낚시줄을 타고 내려가면서 만나는 식을 모두 계산해 물고기 안에 답을 써넣으세요.

10에서 출발하여 더 작은 수가 있는 칸으로 이동하면 도착지에 도착합니다. 빠독이가 이동한 길을 표시하고, 이동한 칸에 있는 수들을 모두 더한 값을 도착지에 써넣으세요.

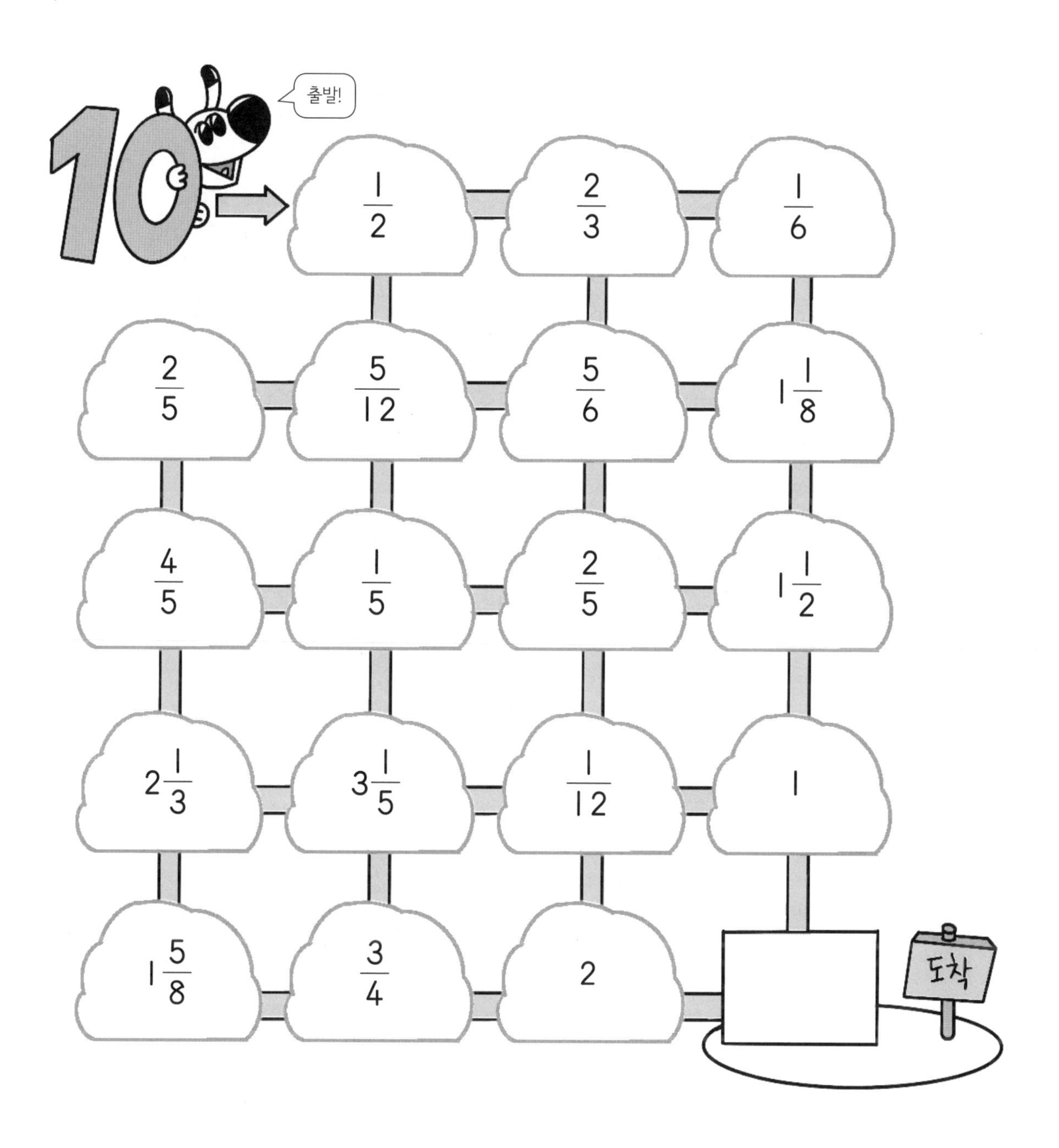

분수는 누가, 어떻게 사용하기 시작했을까요?

기원전 1650년, 나일강을 이용해 농사를 지으며 농업 국가로 발전한 이집트에서 땅과 수확물을 공평하게 나누기 위해 분수를 사용하기 시작했어요.
이집트에서 사용하던 분수는 지금의 분수와는 다르게 분자가 1인 단위분수와 $\frac{2}{3}$만을 사용해 계산했어요. 그렇다면 이집트인들은 어떻게 물건을 나누었을까요?
나누는 물건을 최대한 큰 조각으로 똑같이 나누고, 남은 조각을 다시 똑같이 나누어 크기뿐만 아니라 모양까지 공평하게 나누어 가졌답니다.

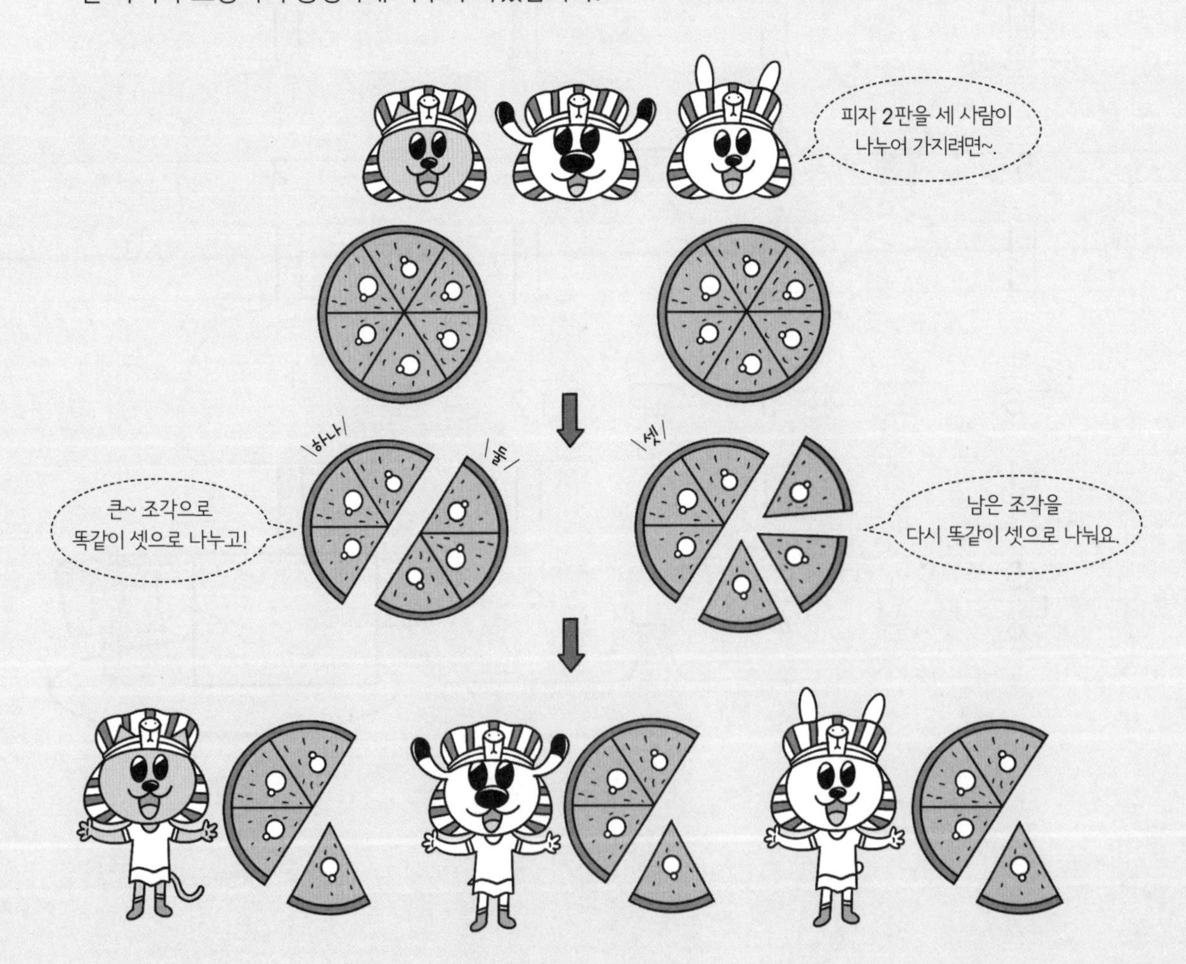

셋째 마당

분수의 뺄셈

분모가 다른 분수의 뺄셈도 덧셈처럼 분모를 같게 만들어 계산해야 해요. 분수의 뺄셈에서는 받아내림이 있어 실수하는 경우가 많아요. 암산보다는 계산 과정을 써 가며 계산하는 습관을 들이면 실수하지 않을 거예요.

공부할 내용!	완료	10일 진도	20일 진도
12 분모가 같은 뺄셈은 분자끼리 빼	□	5일차	7일차
13 뺄셈에서도 분모가 다르면 통분부터	□		8일차
14 분모가 다른 대분수의 차도 통분부터!	□		
15 1은 분자와 분모가 같은 분수야	□	6일차	9일차
16 분수의 뺄셈 종합 문제	□		10일차

분모가 같은 뺄셈은 분자끼리 빼

✪ 분모가 같은 진분수의 뺄셈

분모는 그대로 두고, [1] ☐끼리 뺍니다.

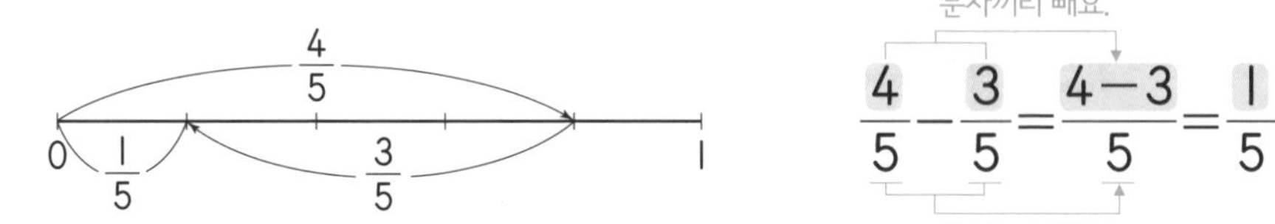

$$\frac{4}{5}-\frac{3}{5}=\frac{4-3}{5}=\frac{1}{5}$$

✪ 분모가 같은 대분수의 뺄셈

자연수는 [2] ☐끼리, 분수는 [3] ☐끼리 뺍니다.

분수는 분수끼리

$$2\frac{4}{5}-1\frac{3}{5}=(2-1)+\left(\frac{4}{5}-\frac{3}{5}\right)=1+\frac{1}{5}=1\frac{1}{5}$$

자연수는 자연수끼리

대분수를 가분수로 바꿔서 계산할 수도 있어요.

$$2\frac{4}{5}-1\frac{3}{5}=\frac{14}{5}-\frac{8}{5}=\frac{6}{5}=1\frac{1}{5}$$

대분수를 가분수로!

바빠 꿀팁!

• 진분수는 자연수 부분이 0이에요.

$$2\frac{4}{5}-\frac{3}{5}=2\frac{4}{5}-\square\frac{3}{5}$$

$$=2+\left(\frac{4}{5}-\frac{3}{5}\right)$$

$$=2\frac{1}{5}$$

• 자연수는 분수 부분이 0이에요.

$$2\frac{4}{5}-1=2\frac{4}{5}-1\square$$

$$=(2-1)+\frac{4}{5}$$

$$=1\frac{4}{5}$$

1. 분자 2. 자연수 3. 분수

A

$\frac{2}{3}-\frac{1}{3}=\frac{2-1}{3}=\frac{1}{3}$ 분모가 같은 진분수의 뺄셈은 분모는 그대로 두고, 분자끼리 빼요.

분수의 뺄셈을 하세요.

1. $\frac{4}{5}-\frac{2}{5}=\frac{\square-\square}{5}=\frac{\square}{5}$

2. $\frac{3}{7}-\frac{1}{7}=$

3. $\frac{5}{8}-\frac{3}{8}=\frac{\square-\square}{8}=\frac{\square}{8}=\frac{\square}{4}$

기약분수로 나타내요.

4. $\frac{7}{11}-\frac{4}{11}=$

5. $\frac{5}{7}-\frac{2}{7}=$

6. $\frac{9}{10}-\frac{7}{10}=$

7. $\frac{7}{9}-\frac{2}{9}=$

8. $\frac{13}{15}-\frac{8}{15}=$

9. $\frac{11}{12}-\frac{1}{12}=$

10. $\frac{12}{13}-\frac{4}{13}=$

11. $\frac{8}{17}-\frac{5}{17}=$

12. $\frac{13}{14}-\frac{5}{14}=$

13. $\frac{16}{21}-\frac{4}{21}=$

14. $\frac{11}{30}-\frac{7}{30}=$

15. $\frac{7}{11}-\frac{2}{11}=$

16. $\frac{15}{26}-\frac{5}{26}=$

B $2\frac{3}{7}-1\frac{2}{7}=(2-1)+\left(\frac{3}{7}-\frac{2}{7}\right)=1\frac{1}{7}$

분모가 같은 대분수의 뺄셈은
자연수는 자연수끼리, 분수는 분수끼리 빼요.

분수의 뺄셈을 하세요.

① $2\frac{4}{7}-1\frac{1}{7}=\square+\frac{\square}{7}=\square\frac{\square}{7}$

② $3\frac{4}{5}-2\frac{1}{5}=$

③ $3\frac{8}{9}-2\frac{7}{9}=$

④ $5\frac{3}{4}-1\frac{1}{4}=$

⑤ $2\frac{9}{11}-2\frac{2}{11}=\frac{\square}{11}$

자연수 부분이 0인 경우
분수 부분만 나타내요.

⑥ $5\frac{3}{13}-5\frac{2}{13}=$

⑦ $3\frac{11}{15}-2\frac{7}{15}=$

⑧ $4\frac{5}{6}-2\frac{1}{6}=$

⑨ $4\frac{2}{3}-1=\square+\frac{\square}{3}=\square\frac{\square}{3}$

⑩ $4\frac{6}{7}-\frac{3}{7}=\square+\frac{\square}{7}=\square\frac{\square}{7}$

⑪ $3\frac{8}{9}-\frac{7}{9}=$

⑫ $5\frac{10}{13}-\frac{4}{13}=$

⑬ $3\frac{5}{8}-1=$

⑭ $6\frac{10}{21}-2=$

도전! 땅 짚고 헤엄치는 문장제

쉬운 문장제로 연산의 기본 개념을 익혀 봐요!

다음 문장을 읽고 문제를 풀어 보세요.

❶ $\frac{4}{5}$와 $\frac{3}{5}$의 차은 얼마일까요?

____

❷ 길이가 $\frac{8}{9}$ m인 색 테이프 중 $\frac{4}{9}$ m를 사용하였습니다. 남은 색 테이프는 몇 m일까요?

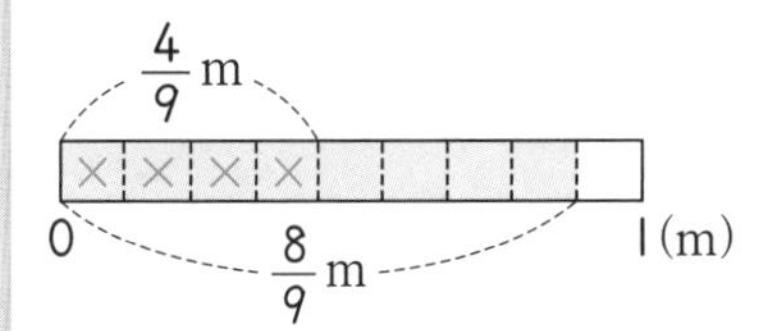

____

❸ 포도 주스 $2\frac{2}{3}$ L 중 $\frac{1}{3}$ L를 먹었습니다. 남은 주스는 몇 L일까요?

____

❹ 지후의 몸무게는 $30\frac{4}{5}$ kg이고, 민호의 몸무게는 27 kg입니다. 두 사람의 몸무게의 차는 몇 kg일까요?

____

❺ 가방의 무게는 $4\frac{3}{7}$ kg이고, 상자의 무게는 $4\frac{1}{7}$ kg입니다. 가방은 상자보다 몇 kg 더 무거울까요?

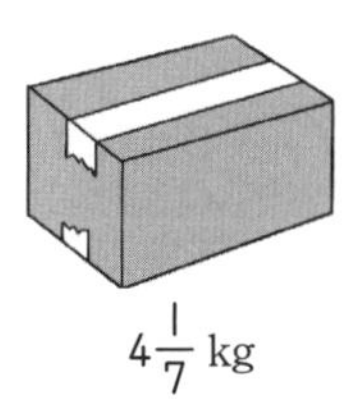

____

뺄셈에서도 분모가 다르면 통분부터

✪ 두 분모의 [1] ☐을 공통분모로 통분하기

$$\frac{1}{4}-\frac{1}{6}=\frac{1\times6}{4\times6}-\frac{1\times4}{6\times4}$$

분모의 곱: 24

$$=\frac{6}{24}-\frac{4}{24}=\frac{\overset{1}{\cancel{2}}}{\underset{12}{\cancel{24}}}=\frac{1}{12}$$

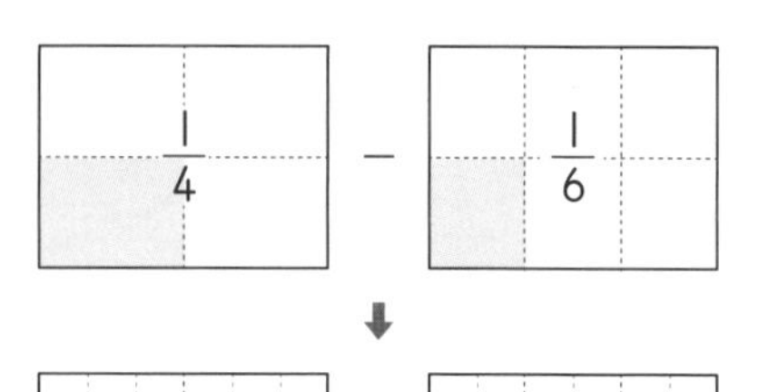

✪ 두 분모의 [2] ☐를 공통분모로 통분하기

$$\frac{1}{4}-\frac{1}{6}=\frac{1\times3}{4\times3}-\frac{1\times2}{6\times2}$$

최소공배수: 12

$$=\frac{3}{12}-\frac{2}{12}=\frac{1}{12}$$

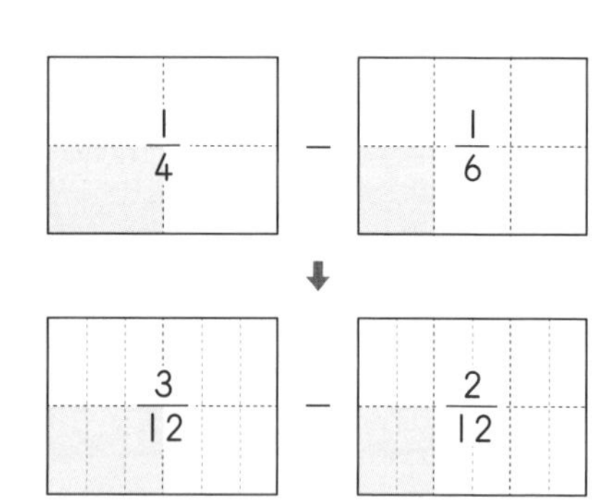

바빠 꿀팁!

- 공통분모를 쉽게 구하는 방법!

방법1 분모의 공약수가 1뿐인 경우

$$\frac{1}{2}-\frac{1}{3}=\frac{3}{6}-\frac{2}{6}$$

분모의 곱: 6

➡ 공통분모=두 분모의 곱

방법2 한 분모가 다른 분모의 배수인 경우

$$\frac{1}{2}-\frac{1}{4}=\frac{2}{4}-\frac{1}{4}$$

4는 2의 배수

➡ 공통분모=더 큰 수

1. 곱 2. 최소공배수

$\frac{1}{3} \times \frac{1}{4} = \frac{4}{12} - \frac{3}{12} = \frac{1}{12}$

두 분모의 공약수가 1뿐이면
두 분모의 최소공배수는 두 분모의 곱과 같아요.

분수의 뺄셈을 하세요.

① $\frac{2}{3} - \frac{1}{4} = \frac{\square}{12} - \frac{\square}{12} = \frac{\square}{12}$

② $\frac{2}{3} - \frac{1}{5} =$

③ $\frac{5}{9} - \frac{1}{5} =$

④ $\frac{1}{2} - \frac{2}{7} =$

⑤ $\frac{2}{3} - \frac{3}{7} =$

⑥ $\frac{3}{4} - \frac{2}{5} =$

⑦ $\frac{3}{4} - \frac{4}{7} =$

⑧ $\frac{3}{8} - \frac{1}{3} =$

⑨ $\frac{4}{5} - \frac{2}{7} =$

⑩ $\frac{3}{5} - \frac{1}{3} =$

⑪ $\frac{1}{7} - \frac{1}{8} =$

⑫ $\frac{7}{11} - \frac{1}{2} =$

⑬ $\frac{3}{4} - \frac{1}{9} =$

⑭ $\frac{7}{8} - \frac{3}{5} =$

B $\frac{1}{2}-\frac{1}{4}=\frac{2}{4}-\frac{1}{4}=\frac{1}{4}$

4는 2의 배수 / 최소공배수

한 분모가 다른 분모의 배수일 때는
두 수 중 더 큰 수가 최소공배수예요.

분수의 뺄셈을 하세요.

① $\frac{3}{4}-\frac{1}{2}=$

② $\frac{1}{9}-\frac{1}{18}=$

③ $\frac{3}{8}-\frac{1}{4}=$

④ $\frac{3}{10}-\frac{7}{30}=$

⑤ $\frac{5}{6}-\frac{1}{3}=$

⑥ $\frac{5}{12}-\frac{1}{3}=$

⑦ $\frac{3}{4}-\frac{5}{8}=$

⑧ $\frac{9}{10}-\frac{1}{2}=$

⑨ $\frac{3}{5}-\frac{3}{10}=$

⑩ $\frac{2}{3}-\frac{8}{15}=$

⑪ $\frac{11}{12}-\frac{5}{6}=$

⑫ $\frac{2}{3}-\frac{5}{9}=$

⑬ $\frac{19}{20}-\frac{3}{4}=$

$$2\,)\,\frac{5}{6} - \frac{3}{8} = \frac{20}{24} - \frac{9}{24} = \frac{11}{24}$$

최소공배수를 구한 다음 엇갈리게 곱하면 헷갈리지 않아서 좋아요.

분수의 뺄셈을 하세요.

1. $\frac{1}{4} - \frac{1}{6} =$

2. $\frac{1}{6} - \frac{1}{9} =$

3. $\frac{3}{4} - \frac{1}{14} =$

4. $\frac{5}{21} - \frac{1}{9} =$

5. $\frac{1}{4} - \frac{1}{10} =$

6. $\frac{5}{6} - \frac{1}{10} =$

7. $\frac{3}{8} - \frac{1}{6} =$

8. $\frac{5}{12} - \frac{3}{8} =$

9. $\frac{2}{9} - \frac{1}{12} =$

10. $\frac{5}{9} - \frac{1}{15} =$

11. $\frac{5}{12} - \frac{3}{10} =$

12. $\frac{3}{32} - \frac{3}{40} =$

13. $\frac{7}{24} - \frac{3}{20} =$

도전! 땅 짚고 헤엄치는 문장제

쉬운 문장제로 연산의 기본 개념을 익혀 봐요!

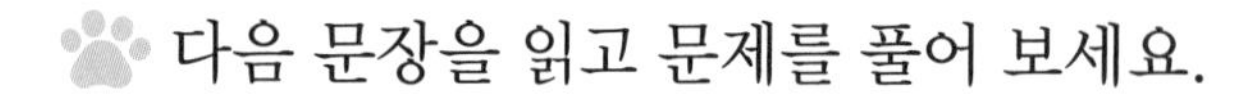

다음 문장을 읽고 문제를 풀어 보세요.

① $\frac{8}{9}$과 $\frac{5}{6}$의 차는 얼마일까요?

____

② 보혜는 주스 $\frac{4}{5}$ L 중 $\frac{1}{3}$ L를 마셨습니다. 남은 주스는 몇 L일까요?

____

③ 피자를 종하는 전체의 $\frac{3}{8}$만큼, 민휘는 $\frac{1}{4}$만큼 먹었습니다. 종하는 민휘보다 피자를 전체의 얼마만큼 더 많이 먹었을까요?

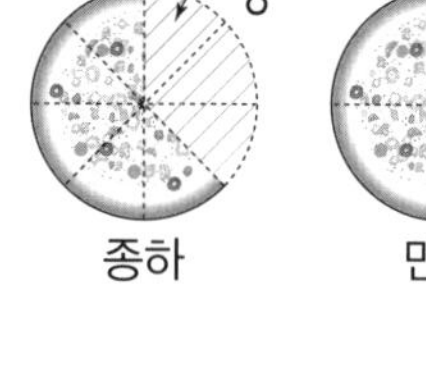

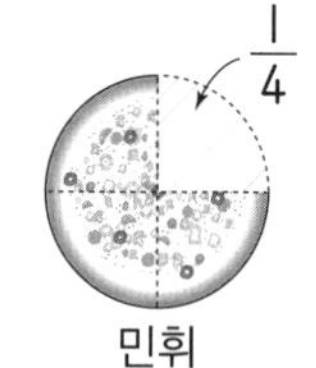

____

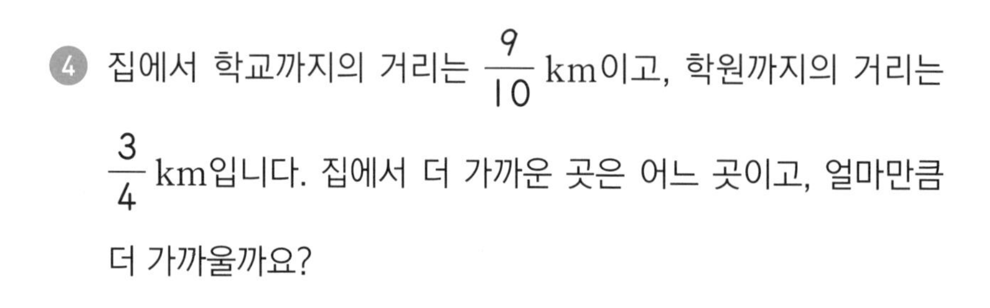

④ 집에서 학교까지의 거리는 $\frac{9}{10}$ km이고, 학원까지의 거리는 $\frac{3}{4}$ km입니다. 집에서 더 가까운 곳은 어느 곳이고, 얼마만큼 더 가까울까요?

____________, ____________

① 먼저 통분하여 크기 비교를 한 다음 큰 수에서 작은 수를 빼요.

분모가 다른 대분수의 차도 통분부터!

✪ 통분한 다음 자연수는 자연수끼리, 분수는 분수끼리 계산하기

$$2\frac{1}{3}-1\frac{1}{5}=2\frac{5}{15}-1\frac{3}{15}=(2-1)+\left(\frac{5}{15}-\frac{3}{15}\right)=1+\frac{2}{15}=1\frac{2}{15}$$

통분해요. 자연수끼리, 분수끼리 빼요.

✪ 가분수로 바꿔서 계산하기

$$2\frac{1}{3}-1\frac{1}{5}=\frac{7}{3}-\frac{6}{5}=\frac{35}{15}-\frac{18}{15}=\frac{17}{15}=1\frac{2}{15}$$

대분수를 가분수로! 통분해요.

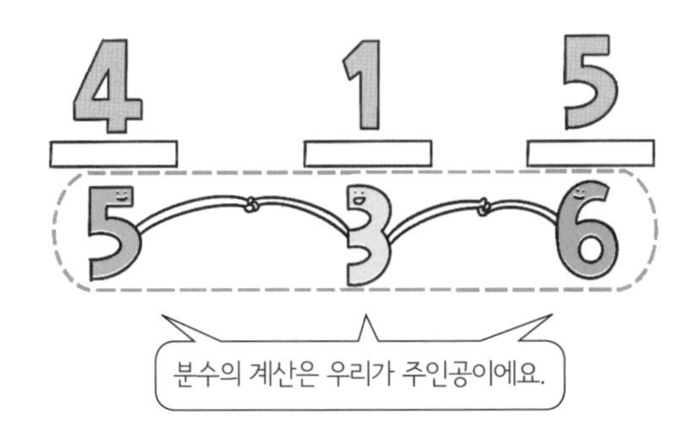

두 분모의 공약수가 1뿐이면 두 분모의 곱으로 통분하고,
한 분모가 다른 분모의 배수이면 더 큰 수로 통분해요.

분수의 뺄셈을 하세요.

1. $2\frac{2}{3}-1\frac{1}{2}=\square\frac{\square}{6}-\square\frac{\square}{6}=\square\frac{\square}{6}$

3과 2의 공약수는 1뿐이에요.

2. $2\frac{1}{3}-1\frac{1}{4}=$

3. $3\frac{1}{3}-2\frac{1}{5}=$

4. $4\frac{1}{3}-2\frac{1}{7}=$

5. $5\frac{3}{4}-1\frac{1}{5}=$

6. $5\frac{6}{7}-3\frac{1}{2}=$

7. $3\frac{3}{4}-2\frac{1}{2}=$

8. $8\frac{1}{3}-3\frac{1}{9}=$

9. $3\frac{2}{5}-1\frac{1}{15}=$

10. $5\frac{7}{8}-1\frac{1}{2}=$

11. $7\frac{3}{10}-5\frac{3}{20}=$

12. $3\frac{3}{4}-2\frac{5}{12}=$

13. $5\frac{5}{6}-4\frac{2}{3}=$

자연수 부분은 그대로 두고, 분수 부분만 엇갈려 곱해 계산해요.

분수의 뺄셈을 하세요.

1. $5\frac{3}{4}-3\frac{1}{6}=$

2. $3\frac{5}{6}-2\frac{1}{9}=$

3. $4\frac{5}{14}-2\frac{1}{4}=$

4. $7\frac{5}{12}-2\frac{3}{8}=$

5. $5\frac{3}{10}-4\frac{1}{4}=$

6. $4\frac{5}{12}-1\frac{1}{15}=$

7. $4\frac{7}{8}-2\frac{5}{6}=$

8. $8\frac{3}{10}-2\frac{1}{6}=$

9. $9\frac{3}{10}-5\frac{1}{8}=$

10. $5\frac{9}{28}-3\frac{3}{16}=$

11. $4\frac{5}{12}-3\frac{2}{9}=$

12. $6\frac{7}{12}-1\frac{1}{15}=$

13. $7\frac{9}{20}-4\frac{4}{15}=$

14. $6\frac{1}{6}-5\frac{1}{14}=$

$3\frac{2}{3}-\frac{3}{5}$에서 $\frac{3}{5}$의 자연수 부분은 0임을 기억해요.

분수의 뺄셈을 하세요.

① $3\frac{2}{3}-\frac{1}{4}=$

② $7\frac{1}{10}-\frac{1}{12}=$

③ $2\frac{6}{7}-\frac{2}{3}=$

④ $4\frac{7}{8}-4\frac{2}{5}=$

⑤ $5\frac{8}{9}-5\frac{5}{6}=$

⑥ $8\frac{5}{6}-8\frac{3}{8}=$

⑦ $1\frac{5}{13}-1\frac{1}{26}=$

⑧ $8\frac{3}{50}-\frac{1}{25}=$

⑨ $7\frac{7}{8}-3\frac{5}{12}=$

⑩ $5\frac{4}{9}-1\frac{1}{4}=$

⑪ $6\frac{2}{3}-3\frac{5}{12}=$

⑫ $7\frac{3}{8}-3\frac{1}{32}=$

⑬ $4\frac{9}{20}-1\frac{1}{8}=$

⑭ $6\frac{8}{9}-5\frac{1}{2}=$

도전! 땅 짚고 헤엄치는 문장제

쉬운 문장제로 연산의 기본 개념을 익혀 봐요!

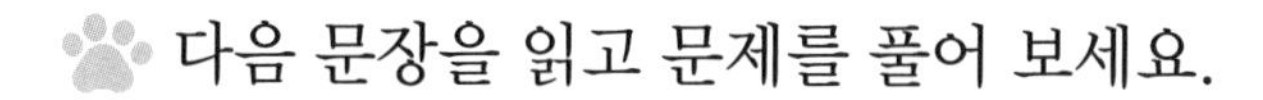

다음 문장을 읽고 문제를 풀어 보세요.

1. 수조에 $10\frac{8}{9}$ L의 물이 들어 있습니다. 이 중 $3\frac{3}{4}$ L를 사용하였다면 남아 있는 물은 몇 L일까요?

   ____

2. 가로가 $5\frac{3}{4}$ cm, 세로가 $3\frac{1}{6}$ cm인 직사각형의 가로와 세로의 차는 몇 cm입니까?

   ____

3. 수호는 집에서부터 $4\frac{7}{15}$ km 떨어진 할머니댁에 가려고 합니다. 집에서 출발하여 $1\frac{2}{5}$ km만큼 갔다면 남은 거리는 몇 km일까요?

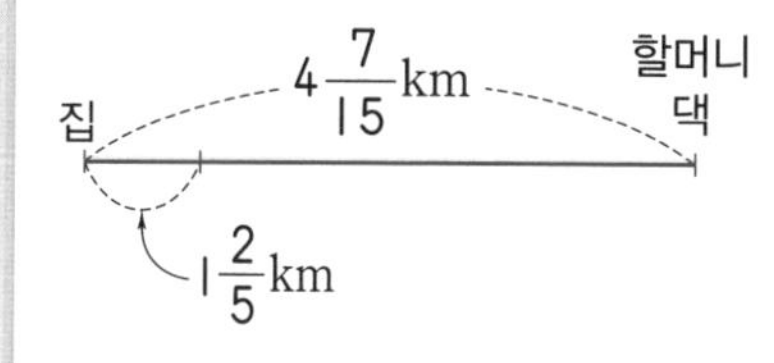

   ____

4. 가장 큰 분수와 가장 작은 분수의 차는 얼마일까요?

   $3\frac{1}{2}$ $3\frac{11}{18}$ $4\frac{5}{6}$ $3\frac{4}{9}$

   ____

1은 분자와 분모가 같은 분수야

✪ 분수 부분끼리 뺄 수 없는 경우

자연수 부분에서 1만큼을 가분수로 바꿔서 계산합니다.

분수끼리 뺄 수 없어요.

$$3\frac{1}{2}-1\frac{2}{3}=3\frac{3}{6}-1\frac{4}{6}=2\frac{9}{6}-1\frac{4}{6}=(2-1)+\left(\frac{9}{6}-\frac{4}{6}\right)=1+\frac{5}{6}=1\frac{5}{6}$$

공통분모가 6이므로 자연수 1을 분모가 6인 가분수로 나타내요.

$$3\frac{3}{6}=2\frac{3}{6}+1=2\frac{3}{6}+\frac{6}{6}=2\frac{9}{6}$$

✪ 자연수에서 분수를 빼는 경우

자연수에서 1만큼을 가분수로 바꿔서 계산합니다.

$$2-\frac{3}{4}=1\frac{4}{4}-\frac{3}{4}=1+\frac{1}{4}=1\frac{1}{4}$$

1만큼을 분모가 4인 가분수로 바꿔요.

자연수에서 1만큼을 가분수로 바꿀 때 분모는 빼는 수의 분모와 같게 바꿔요.

• 대분수에서 1만큼을 가분수로 바꿔서 나타내기!

$$3\frac{3}{6}=2\frac{9}{6}$$ (+6, −1)

자연수 부분은 1 작아지고, 분자는 분모만큼 커져요.

먼저 통분한 다음 분수 부분끼리 뺄 수 있는지 생각해 봐요.

분수의 뺄셈을 하세요.

❶ $5\frac{1}{2}-2\frac{3}{4}=$

❷ $5\frac{1}{3}-2\frac{4}{5}=$

❸ $3\frac{1}{4}-1\frac{2}{3}=$

❹ $5\frac{1}{5}-1\frac{3}{4}=$

❺ $6\frac{1}{3}-2\frac{3}{5}=$

❻ $4\frac{1}{6}-1\frac{2}{3}=$

❼ $3\frac{1}{4}-1\frac{5}{6}=$

❽ $5\frac{2}{5}-1\frac{7}{15}=$

❾ $6\frac{1}{3}-3\frac{5}{12}=$

❿ $5\frac{1}{6}-1\frac{7}{8}=$

⓫ $7\frac{1}{10}-1\frac{3}{4}=$

⓬ $4\frac{1}{6}-1\frac{7}{9}=$

⓭ $4\frac{7}{12}-2\frac{11}{15}=$

⓮ $6\frac{3}{14}-3\frac{6}{7}=$

B

$3-\frac{3}{5}=2\frac{5}{5}-\frac{3}{5}=2\frac{2}{5}$

자연수에서 분수를 빼는 경우
자연수에서 1만큼을 가분수로 바꿔서 계산해요.

분수의 뺄셈을 하세요.

① $1-\frac{3}{4}=\frac{\square}{4}-\frac{\square}{4}=\frac{\square}{4}$

② $2-\frac{11}{21}=$

③ $6-\frac{17}{26}=$

④ $7-\frac{5}{9}=$

⑤ $5-\frac{7}{12}=$

⑥ $8-\frac{7}{8}=$

⑦ $4-1\frac{2}{5}=$

⑧ $6-4\frac{5}{7}=$

⑨ $5-3\frac{7}{15}=$

⑩ $7-2\frac{13}{19}=$

⑪ $4-1\frac{5}{6}=$

⑫ $3-1\frac{11}{20}=$

⑬ $9-8\frac{1}{2}=$

⑭ $8-7\frac{1}{4}=$

분수의 뺄셈을 하세요.

① $4\frac{1}{2}-1\frac{5}{8}=$

② $1\frac{1}{3}-\frac{7}{12}=$

③ $1\frac{2}{9}-\frac{5}{6}=$

④ $5\frac{1}{6}-1\frac{1}{4}=$

⑤ $5\frac{7}{8}-1\frac{15}{16}=$

⑥ $7\frac{1}{12}-3\frac{5}{8}=$

⑦ $2\frac{7}{15}-1\frac{9}{10}=$

⑧ $4\frac{1}{7}-2\frac{1}{5}=$

⑨ $5-\frac{3}{4}=$

⑩ $3-1\frac{13}{30}=$

⑪ $7-3\frac{7}{16}=$

⑫ $2-1\frac{1}{3}=$

⑬ $6-2\frac{1}{4}=$

⑭ $4-\frac{11}{12}=$

자연수 부분에서 1만큼을 가분수로 바꾸면 분자는 분모만큼 커져요!

1만큼 $4\frac{3}{8} \Rightarrow 3\frac{11}{8}$ ← 3+8

도전! 땅 짚고 헤엄치는 문장제

쉬운 문장제로 연산의 기본 개념을 익혀 봐요!

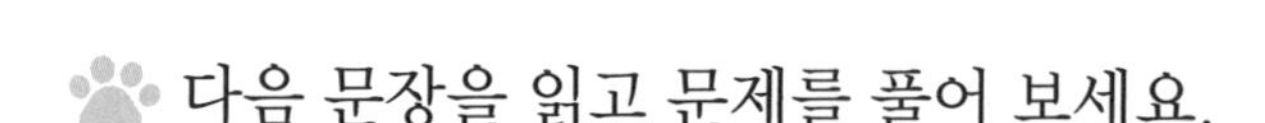

다음 문장을 읽고 문제를 풀어 보세요.

① 두 분수의 차는 얼마일까요?

$1\frac{1}{2}$ $3\frac{1}{8}$

____

② 가장 큰 수와 가장 작은 수의 차는 얼마입니까?

5 $3\frac{2}{3}$ $3\frac{1}{2}$

____

③ 가로가 $4\frac{3}{5}$ cm, 세로가 $2\frac{3}{4}$ cm인 직사각형의 가로와 세로의 차는 몇 cm일까요?

____

④ 끈 $2\frac{4}{9}$ m 중 $1\frac{5}{6}$ m를 사용했을 때 남아 있는 끈의 길이는 몇 m일까요?

____

⑤ 기름이 버스에는 $200\frac{1}{6}$ L만큼, 자동차에는 $70\frac{1}{3}$ L만큼 들어 갑니다. 버스는 자동차보다 기름이 몇 L 더 들어갈까요?

____

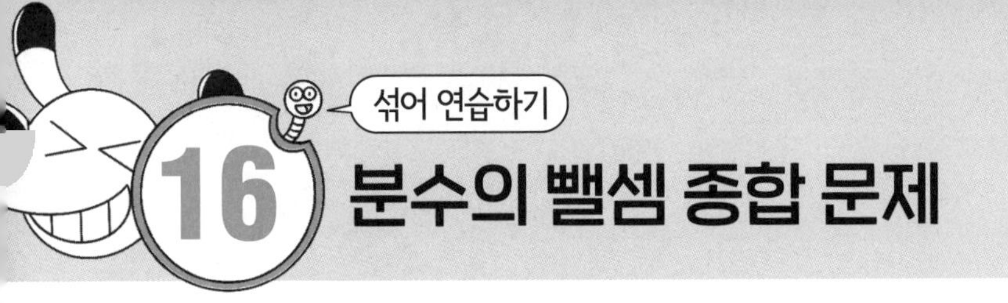

분수의 뺄셈을 하세요.

① $\frac{3}{5}-\frac{1}{5}=$

② $\frac{5}{9}-\frac{1}{9}=$

③ $\frac{3}{10}-\frac{1}{10}=$

④ $\frac{11}{18}-\frac{5}{18}=$

⑤ $\frac{16}{21}-\frac{5}{21}=$

⑥ $\frac{15}{31}-\frac{8}{31}=$

⑦ $\frac{5}{8}-\frac{7}{24}=$

⑧ $\frac{11}{12}-\frac{3}{4}=$

⑨ $\frac{13}{16}-\frac{3}{4}=$

⑩ $\frac{5}{7}-\frac{1}{6}=$

⑪ $\frac{8}{9}-\frac{2}{5}=$

⑫ $\frac{6}{7}-\frac{2}{3}=$

⑬ $\frac{3}{10}-\frac{2}{15}=$

⑭ $\frac{11}{20}-\frac{7}{30}=$

분수의 뺄셈을 하세요.

① $\frac{3}{5}-\frac{3}{8}=$

② $\frac{1}{6}-\frac{1}{18}=$

③ $\frac{3}{4}-\frac{1}{6}=$

④ $\frac{5}{6}-\frac{4}{9}=$

⑤ $\frac{7}{15}-\frac{1}{6}=$

⑥ $\frac{7}{8}-\frac{5}{12}=$

⑦ $\frac{11}{15}-\frac{7}{20}=$

⑧ $\frac{13}{15}-\frac{2}{9}=$

⑨ $2\frac{4}{9}-\frac{3}{8}=$

⑩ $2\frac{7}{10}-\frac{5}{12}=$

⑪ $2\frac{1}{2}-1\frac{1}{3}=$

⑫ $3\frac{1}{2}-1\frac{3}{7}=$

⑬ $3\frac{5}{6}-1\frac{1}{15}=$

⑭ $3\frac{3}{4}-1\frac{1}{5}=$

분수의 뺄셈을 하세요.

① $2-\frac{7}{8}=$

② $6-1\frac{2}{3}=$

③ $5-2\frac{1}{6}=$

④ $3-1\frac{7}{15}=$

⑤ $3\frac{1}{4}-2\frac{2}{3}=$

⑥ $3\frac{1}{4}-2\frac{1}{2}=$

⑦ $4\frac{2}{9}-2\frac{5}{6}=$

⑧ $4\frac{1}{5}-2\frac{1}{3}=$

⑨ $4\frac{5}{8}-1\frac{3}{4}=$

⑩ $5\frac{7}{12}-3\frac{3}{4}=$

⑪ $3\frac{1}{10}-2\frac{5}{8}=$

⑫ $5\frac{3}{14}-3\frac{5}{6}=$

⑬ $3\frac{11}{50}-1\frac{9}{25}=$

⑭ $8\frac{3}{20}-5\frac{5}{12}=$

물통에 담긴 물로 화분에 적힌 양만큼 물을 주려합니다. 남은 물은 몇 L인지 선으로 이어 보세요.

주어진 식을 계산하여 사다리로 연결된 고양이에게 계산 결과를 써넣으세요.

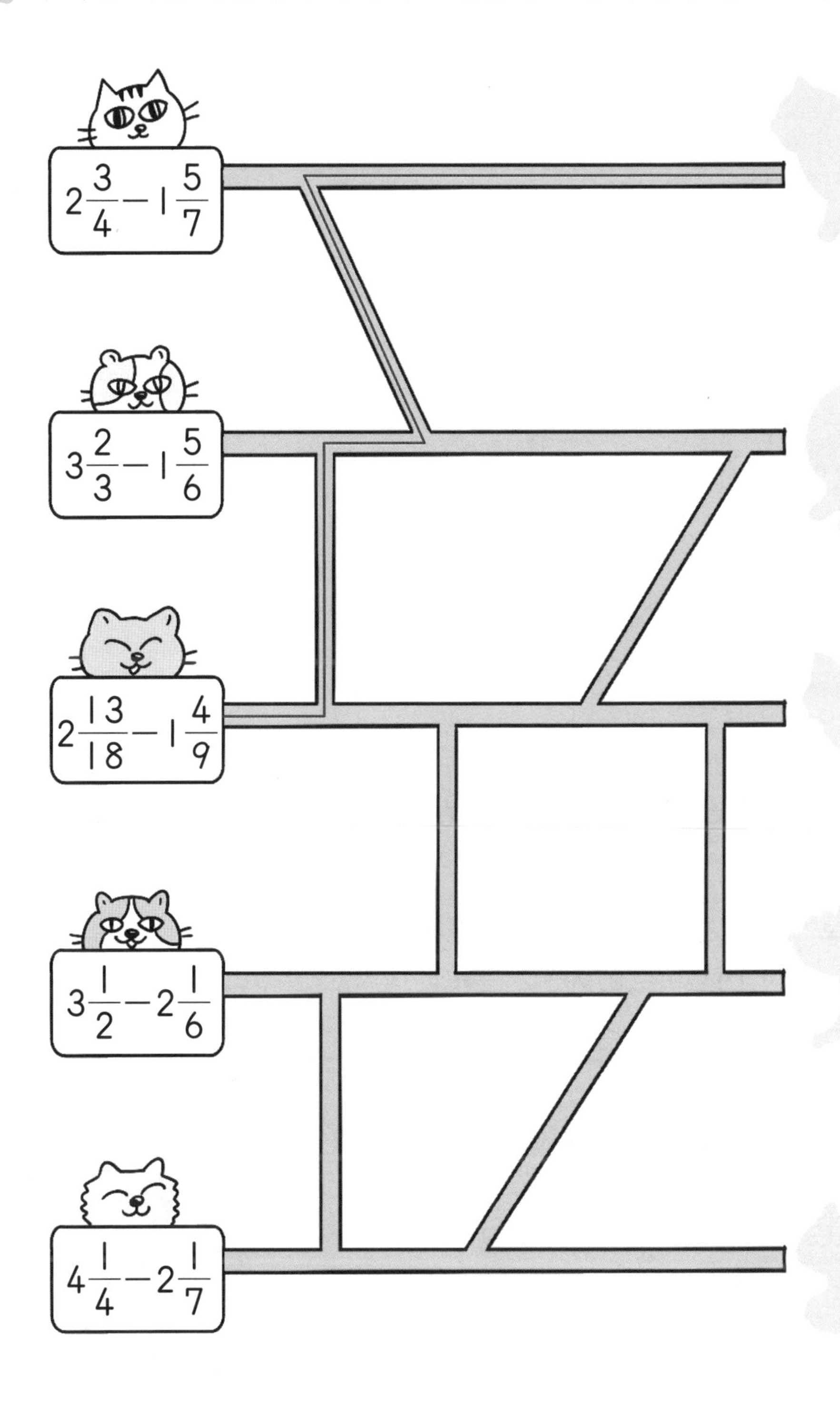

음악 교과서에서도 분수를 찾을 수 있어요.

음악 교과서에 있는 악보의 음표가 분수로 이루어져 있다는 것, 알고 있나요?
우리가 사용하는 음표는 4박자인 온음표(𝅝), 2박자인 2분음표(𝅗𝅥), 1박자인 4분음표(♩),
$\frac{1}{2}$박자인 8분음표(♪) 그리고 $\frac{1}{4}$박자인 16분음표(𝅘𝅥𝅯)가 있어요.
한 마디 안에 있는 음표들의 길이로 박자가 결정되고,
악보의 박자는 맨 앞에 쓰여 있는 분수와 같은 모양으로 표시해요.

이처럼 같은 $\frac{4}{4}$박자도 서로 길이가 다른 음표를 사용해 다양한
악보로 그려질 수 있어요.

넷째 마당

분수의 곱셈

분수의 곱셈은 통분할 필요가 없어 쉽게 느껴질 거예요. 하지만 실수해서 틀리는 경우가 꽤 있어요. 이번 마당은 분수의 곱셈을 계산하는 방법은 물론, 곱셈을 빠르게 계산하는 연습도 될 거예요. 만약 곱셈에서 실수가 많다면 곱셈 편으로 다시 한 번 복습하는 것을 추천해요.

공부할 내용!	완료	10일 진도	20일 진도
17 분수의 곱셈은 분모끼리, 분자끼리 곱해	□	7일차	11일차
18 자연수를 분모가 1인 분수로 바꿔	□		12일차
19 대분수는 가분수로 바꾸는 게 먼저야	□		13일차
20 세 수의 곱셈도 분모끼리, 분자끼리 곱해	□	8일차	14일차
21 분수의 곱셈 종합 문제	□		15일차

분수의 곱셈은 분모끼리, 분자끼리 곱해

분수의 곱셈이란?

(어떤 수)×(분수)는 어떤 수에서 분수만큼이 차지하는 정도를 의미합니다.

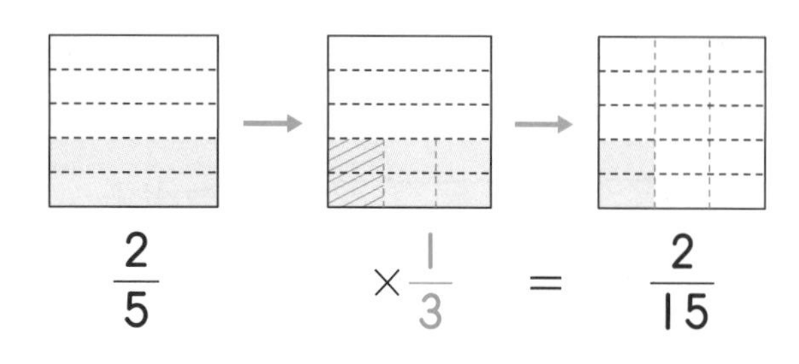

$$\frac{2}{5} \times \frac{1}{3} = \frac{2}{15}$$

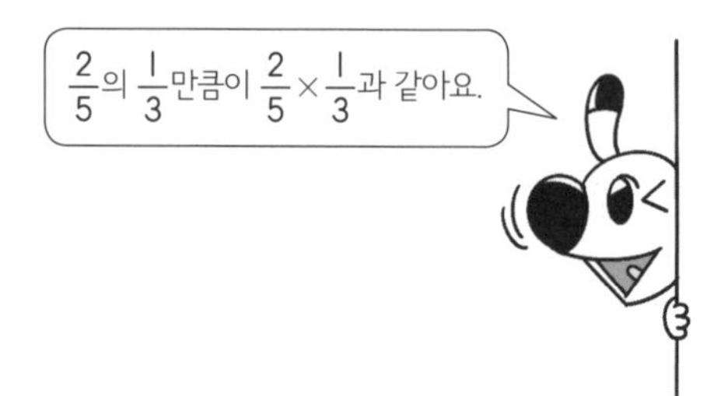

진분수의 곱셈

분모는 분모끼리, 분자는 [1] (　　) 끼리 곱합니다.

$$\frac{2}{5}\times\frac{3}{4}=\frac{2\times3}{5\times4}=\frac{\overset{3}{\cancel{6}}}{\underset{10}{\cancel{20}}}=\frac{3}{10}$$

곱셈식에서 [2] (　　) 하면 계산이 훨씬 간단해집니다.

$$\frac{2}{5}\times\frac{3}{4}=\frac{\overset{1}{\cancel{2}}\times3}{5\times\underset{2}{\cancel{4}}}=\frac{3}{10} \quad \text{또는} \quad \frac{\overset{1}{\cancel{2}}}{5}\times\frac{3}{\underset{2}{\cancel{4}}}=\frac{1\times3}{5\times2}=\frac{3}{10}$$

- 서로 다른 분수끼리의 약분은 곱셈에서만 할 수 있어요!

$\frac{\overset{1}{\cancel{3}}}{4}+\frac{1}{\underset{2}{\cancel{6}}}$ ✕　$\frac{\overset{1}{\cancel{3}}}{4}-\frac{1}{\underset{2}{\cancel{6}}}$ ✕　$\frac{\overset{1}{\cancel{3}}}{4}\div\frac{1}{\underset{2}{\cancel{6}}}$ ✕　$\frac{\overset{1}{\cancel{3}}}{4}\times\frac{1}{\underset{2}{\cancel{6}}}$ ○

1. 분자 2. 약분

A $\frac{1}{2}\times\frac{1}{6}=\frac{1\times1}{2\times6}=\frac{1}{12}$ 단위분수끼리 곱하면 분자는 항상 1이 돼요.

분수의 곱셈을 하세요.

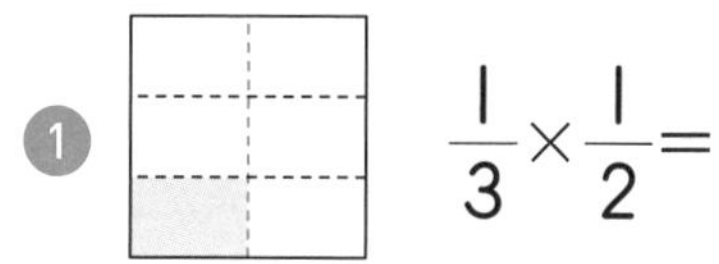

1 $\frac{1}{3}\times\frac{1}{2}=$

2 $\frac{1}{5}\times\frac{1}{4}=$

3 $\frac{1}{2}\times\frac{1}{4}=\frac{1\times1}{2\times\square}=\frac{1}{\square}$

4 $\frac{1}{2}\times\frac{1}{5}=$

5 $\frac{1}{6}\times\frac{1}{5}=$

6 $\frac{1}{4}\times\frac{1}{3}=$

7 $\frac{1}{2}\times\frac{1}{3}=$

8 $\frac{1}{4}\times\frac{1}{4}=$

9 $\frac{1}{3}\times\frac{1}{7}=$

10 $\frac{1}{5}\times\frac{1}{7}=$

11 $\frac{3}{4}\times\frac{1}{2}=\frac{\square\times1}{4\times\square}=\frac{\square}{\square}$

12 $\frac{5}{8}\times\frac{1}{3}=$

13 $\frac{4}{5}\times\frac{2}{3}=$

14 $\frac{1}{8}\times\frac{3}{7}=$

B

$\frac{\overset{1}{\cancel{4}}}{\underset{1}{\cancel{5}}}\times\frac{\overset{1}{\cancel{5}}}{\underset{2}{\cancel{8}}}=\frac{1}{2}$

곱셈식에서 서로 다른 분모와 분자를 약분한 다음 분모는 분모끼리, 분자는 분자끼리 곱하면 편해요.

분수의 곱셈을 하세요.

① $\frac{1}{2}\times\frac{3}{5}=$

② $\frac{1}{6}\times\frac{5}{7}=$

③ $\frac{5}{6}\times\frac{1}{2}=$

④ $\frac{2}{3}\times\frac{5}{7}=$

⑤ $\frac{3}{5}\times\frac{3}{5}=$

⑥ $\frac{2}{7}\times\frac{2}{5}=$

⑦ $\frac{5}{7}\times\frac{2}{9}=$

⑧ $\frac{1}{\underset{\square}{\cancel{2}}}\times\frac{\overset{\square}{\cancel{2}}}{3}=$

⑨ $\frac{5}{6}\times\frac{3}{4}=$

⑩ $\frac{4}{7}\times\frac{3}{16}=$

⑪ $\frac{5}{8}\times\frac{4}{9}=$

⑫ $\frac{2}{9}\times\frac{1}{8}=$

⑬ $\frac{5}{14}\times\frac{2}{3}=$

곱셈식에서 약분이 되면 먼저 약분하고, 분모끼리, 분자끼리 곱해요.

분수의 곱셈을 하세요.

1. $\frac{4}{9}\times\frac{3}{8}=$

2. $\frac{7}{12}\times\frac{6}{7}=$

3. $\frac{3}{10}\times\frac{5}{12}=$

4. $\frac{4}{15}\times\frac{5}{8}=$

5. $\frac{3}{5}\times\frac{5}{12}=$

6. $\frac{7}{12}\times\frac{3}{14}=$

7. $\frac{3}{5}\times\frac{5}{9}=$

8. $\frac{9}{10}\times\frac{5}{54}=$

9. $\frac{2}{3}\times\frac{9}{14}=$

10. $\frac{3}{7}\times\frac{14}{15}=$

11. $\frac{9}{16}\times\frac{4}{15}=$

12. $\frac{5}{6}\times\frac{9}{20}=$

13. $\frac{7}{24}\times\frac{9}{14}=$

도전! 땅 짚고 헤엄치는 문장제

쉬운 문장제로 연산의 기본 개념을 익혀 봐요!

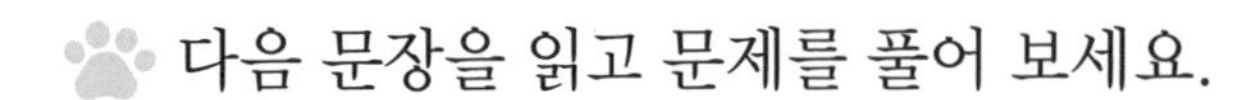

다음 문장을 읽고 문제를 풀어 보세요.

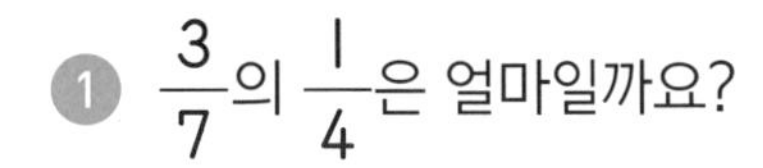

① $\frac{3}{7}$의 $\frac{1}{4}$은 얼마일까요?

______

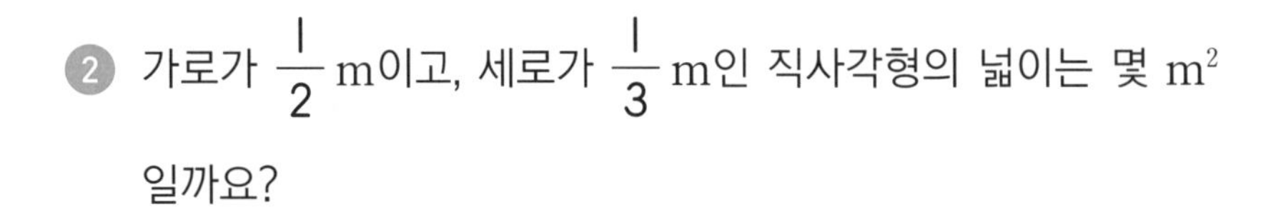

② 가로가 $\frac{1}{2}$ m이고, 세로가 $\frac{1}{3}$ m인 직사각형의 넓이는 몇 m^2일까요?

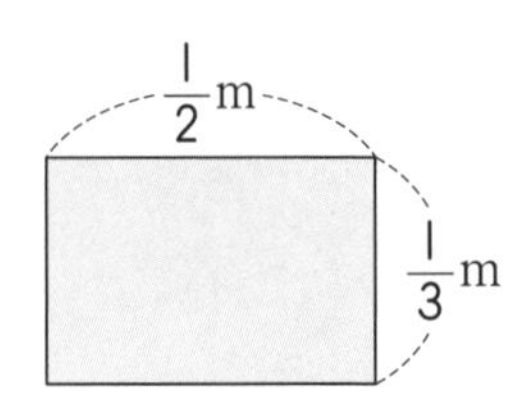

______

③ 물병에 물이 $\frac{5}{7}$ L 들어 있습니다. 선경이가 전체의 $\frac{2}{5}$만큼을 마셨다면 선경이가 마신 물은 몇 L일까요?

______

④ 색 테이프를 7등분 한 것 중 색칠된 부분의 길이는 몇 m일까요?

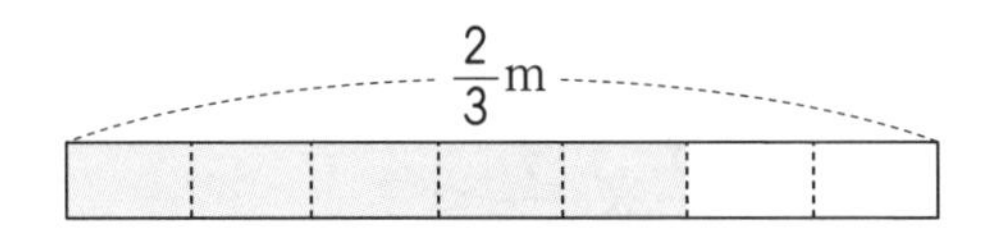

______

① ●의 ▲만큼은 ●×▲로 구해요.

자연수를 분모가 1인 분수로 바꿔

분수와 자연수의 곱셈

방법1 분모는 그대로 두고, [1] ☐에 자연수를 곱합니다.

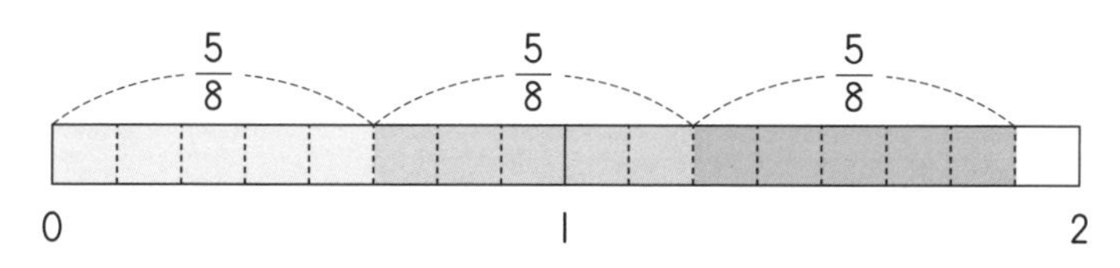

$$\frac{5}{8}\times3=\frac{5\times3}{8}=\frac{15}{8}=1\frac{7}{8}$$

$\frac{5}{8}\times3$은 $\frac{5}{8}$를 3번 더한 값과 같아요.

방법2 자연수를 분모가 [2] ☐인 분수로 바꾼 다음 분모끼리, 분자끼리 곱합니다.

$$\frac{5}{8}\times3=\frac{5}{8}\times\frac{3}{1}=\frac{5\times3}{8\times1}=\frac{15}{8}=1\frac{7}{8}$$

분모가 1인 분수로!

'17단계'에서 배운 분수의 곱셈처럼 계산해요.

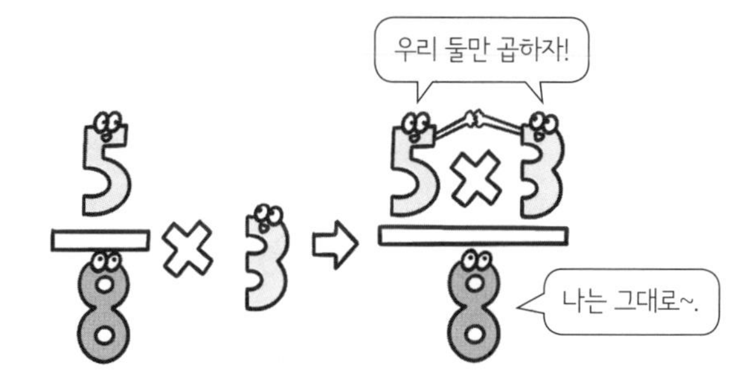

바빠 꿀팁!

- 곱해지는 수와 곱하는 수를 서로 바꿔도 계산 과정은 같아요.

$$3\times\frac{5}{8}=\frac{3\times5}{8}=\frac{15}{8}=1\frac{7}{8}$$ 또는 $$3\times\frac{5}{8}=\frac{3}{1}\times\frac{5}{8}=\frac{3\times5}{1\times8}=\frac{15}{8}=1\frac{7}{8}$$

1. 분자 2. 1

분모는 그대로 두고, 분자에 자연수를 곱하거나
자연수를 분모가 1인 분수로 바꿔서 계산해요.

분수의 곱셈을 하세요.

① $\frac{1}{3}\times5=$

② $\frac{3}{4}\times3=$

③ $\frac{3}{7}\times4=$

④ $\frac{3}{4}\times9=$

⑤ $\frac{3}{5}\times4=$

⑥ $\frac{7}{9}\times2=$

⑦ $\frac{5}{12}\times11=$

⑧ $\frac{3}{8}\times3=$

⑨ $7\times\frac{2}{13}=$

⑩ $7\times\frac{3}{4}=$

⑪ $13\times\frac{7}{9}=$

⑫ $4\times\frac{7}{15}=$

⑬ $6\times\frac{5}{7}=$

⑭ $6\times\frac{5}{13}=$

$\frac{1}{\cancel{4}_{2}}\times\cancel{2}^{1}=\frac{1}{2}$ 분수와 자연수의 곱셈도 곱셈식에서 약분하면 편해요.

분수의 곱셈을 하세요.

① $\frac{1}{\cancel{6}_{\square}}\times\cancel{4}^{\square}=$

② $\frac{3}{\cancel{8}_{\square}}\times\cancel{2}^{\square}=$

③ $\frac{1}{12}\times3=$

④ $\frac{1}{9}\times6=$

⑤ $8\times\frac{1}{10}=$

⑥ $\cancel{22}^{\square}\times\frac{1}{\cancel{11}_{\square}}=\frac{\square}{1}=\square$

분모가 1이면 자연수로 나타내요.

⑦ $21\times\frac{2}{7}=$

⑧ $15\times\frac{4}{5}=$

⑨ $\frac{5}{8}\times6=$

⑩ $\frac{3}{10}\times5=$

⑪ $\frac{3}{10}\times4=$

⑫ $\frac{5}{21}\times7=$

⑬ $12\times\frac{5}{8}=$

도전! 땅 짚고 헤엄치는 문장제

쉬운 문장제로 연산의 기본 개념을 익혀 봐요!

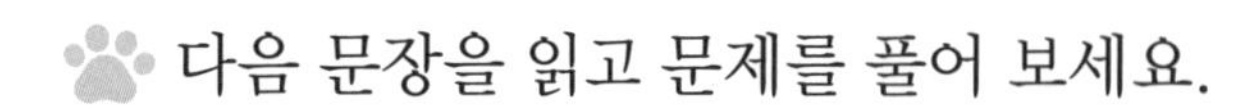
다음 문장을 읽고 문제를 풀어 보세요.

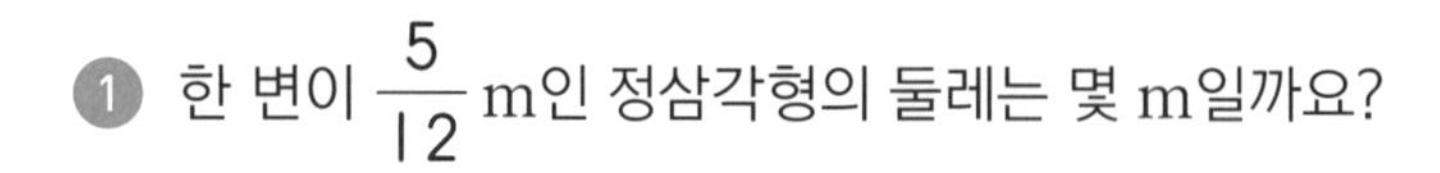
① 한 변이 $\frac{5}{12}$ m인 정삼각형의 둘레는 몇 m일까요?

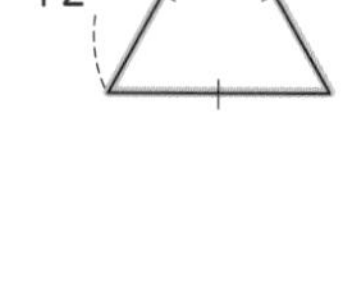

____

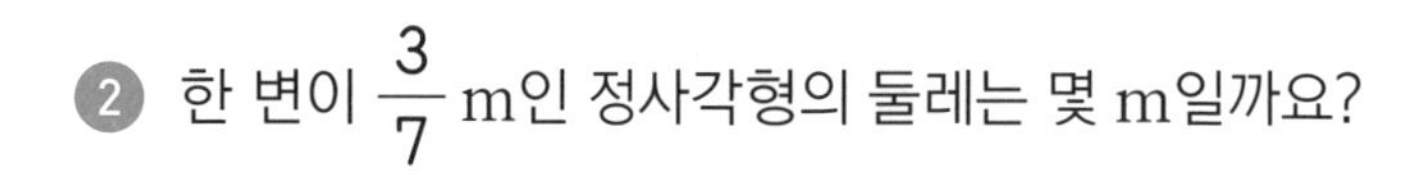
② 한 변이 $\frac{3}{7}$ m인 정사각형의 둘레는 몇 m일까요?

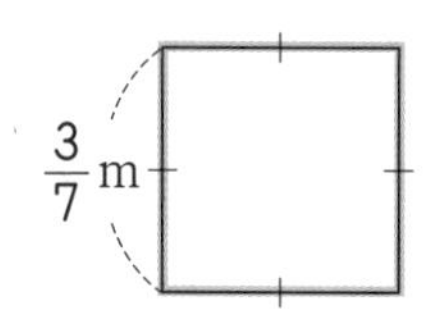

____

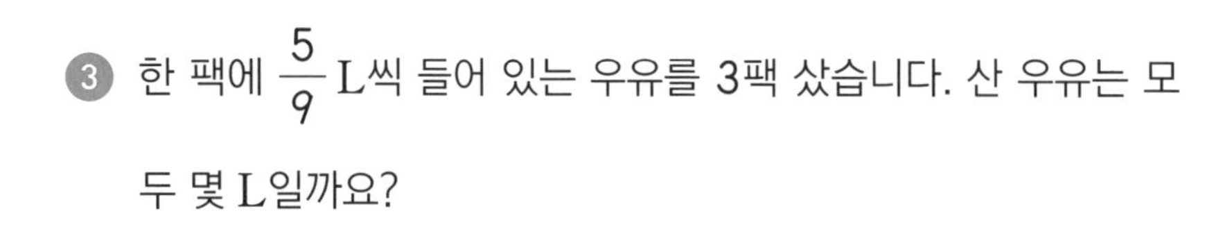
③ 한 팩에 $\frac{5}{9}$ L씩 들어 있는 우유를 3팩 샀습니다. 산 우유는 모두 몇 L일까요?

____

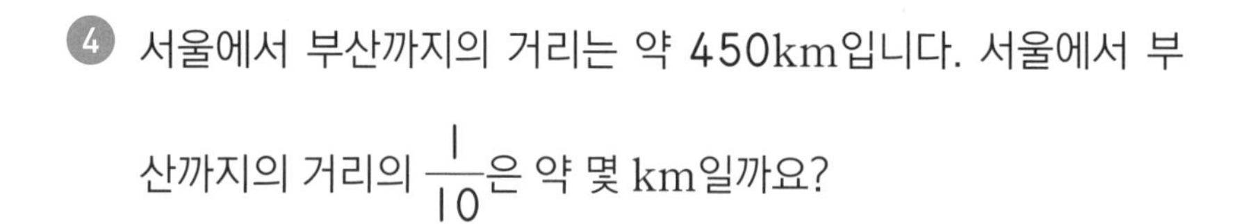
④ 서울에서 부산까지의 거리는 약 450km입니다. 서울에서 부산까지의 거리의 $\frac{1}{10}$은 약 몇 km일까요?

약 ____________

⑤ 지후네 반 학생은 35명입니다. 이 중 전체의 $\frac{2}{5}$가 여학생이라면 남학생은 몇 명일까요?

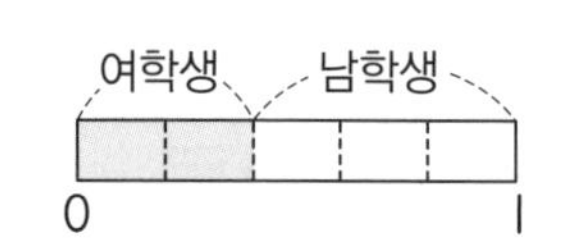

____

⑤ 여학생이 전체의 $\frac{2}{5}$이므로 남학생은 전체의 $\frac{3}{5}$입니다.

19 대분수는 가분수로 바꾸는 게 먼저야

✪ 대분수의 곱셈

대분수를 [1] (   ) 로 바꾼 다음 분모끼리, 분자끼리 곱합니다.

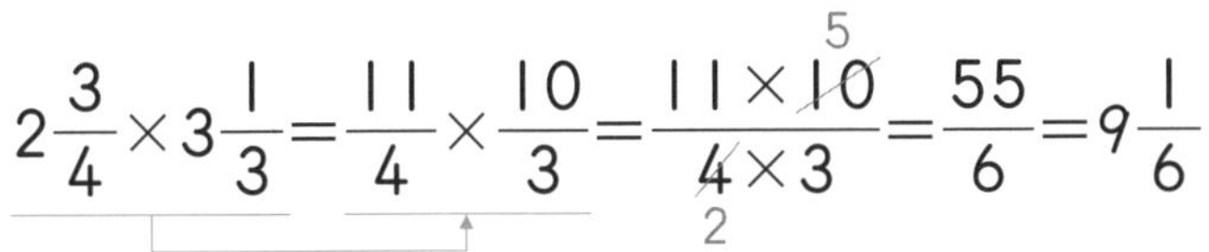

✪ 자연수와 대분수의 곱셈

자연수는 분모가 [2] (   ) 인 분수로, 대분수는 [3] (   ) 로 바꾼 다음 분모끼리, 분자끼리 곱합니다.

분모가 1인 분수로!

$$2\times1\frac{2}{5}=\frac{2}{1}\times\frac{7}{5}=\frac{2\times7}{1\times5}=\frac{14}{5}=2\frac{4}{5}$$

대분수를 가분수로!

대분수만 가분수로 바꾼 다음 자연수와 분자를 곱해서 구하기도 해요.

$$2\times1\frac{2}{5}=2\times\frac{7}{5}=\frac{2\times7}{5}=\frac{14}{5}=2\frac{4}{5}$$

바빠 꿀팁!

- 자연수를 대분수의 자연수 부분과 분수 부분에 각각 곱해 구할 수도 있어요.

❶ 자연수 부분과 곱하기

$$2\times1\frac{2}{5}=(2\times1)+\left(2\times\frac{2}{5}\right)=2+\frac{4}{5}=2\frac{4}{5}$$

❷ 분수 부분과 곱하기

(자연수)×(대분수의 자연수 부분)+(자연수)×(대분수의 분수 부분)
❶ ❷

1. 가분수 2. 1 3. 가분수

대분수가 있는 곱셈 방법

❶ 대분수를 가분수로 바꾸기

❷ 분모끼리, 분자끼리 곱하기

분수의 곱셈을 하세요.

❶ $1\frac{1}{5}\times\frac{1}{7}=\frac{\square}{5}\times\frac{\square}{7}=\frac{\square}{\square}$

❷ $1\frac{1}{4}\times\frac{1}{9}=$

❸ $\frac{2}{7}\times1\frac{5}{9}=$

❹ $\frac{9}{20}\times1\frac{2}{3}=$

❺ $\frac{1}{12}\times2\frac{2}{3}=$

❻ $1\frac{3}{7}\times\frac{7}{20}=$

❼ $1\frac{2}{21}\times\frac{3}{8}=$

❽ $\frac{5}{28}\times3\frac{1}{5}=$

❾ $4\frac{1}{6}\times\frac{1}{5}=$

❿ $\frac{5}{16}\times2\frac{3}{5}=$

⓫ $\frac{4}{15}\times3\frac{1}{8}=$

⓬ $2\frac{1}{8}\times\frac{1}{7}=$

⓭ $1\frac{1}{4}\times\frac{1}{5}=$

⓮ $\frac{13}{14}\times1\frac{1}{13}=$

B

$2\times1\frac{1}{3}=1\frac{1}{3}\times2=2\frac{2}{3}$ 곱하는 순서가 바뀌어도 계산 결과는 같아요.

분수의 곱셈을 하세요.

① $1\frac{3}{5}\times3=$

② $3\times\frac{5}{13}=$

③ $1\frac{2}{7}\times8=$

④ $9\times2\frac{1}{2}=$

⑤ $2\times1\frac{5}{9}=$

⑥ $2\frac{7}{13}\times3=$

⑦ $1\frac{1}{10}\times7=$

⑧ $2\times1\frac{2}{15}=$

⑨ $6\times1\frac{1}{5}=$

⑩ $7\times3\frac{1}{4}=$

⑪ $2\frac{8}{9}\times5=$

⑫ $5\frac{1}{3}\times4=$

⑬ $5\times1\frac{3}{4}=$

⑭ $3\times1\frac{1}{11}=$

$2\frac{2}{3}\times4\frac{1}{8}=\frac{\overset{1}{\cancel{8}}}{\underset{1}{\cancel{3}}}\times\frac{\overset{11}{\cancel{33}}}{\underset{1}{\cancel{8}}}=11$ 계산 과정에서 약분이 되면 수가 작아지기 때문에 계산이 편해져요.

분수의 곱셈을 하세요.

① $2\frac{2}{3}\times3\frac{1}{2}=$

② $2\frac{1}{2}\times1\frac{2}{5}=$

③ $1\frac{2}{3}\times1\frac{2}{7}=$

④ $2\frac{1}{3}\times\frac{9}{14}=$

⑤ $1\frac{2}{3}\times\frac{3}{8}=$

⑥ $1\frac{1}{4}\times2\frac{2}{5}=$

⑦ $1\frac{1}{3}\times1\frac{1}{4}=$

⑧ $1\frac{1}{2}\times2\frac{1}{3}=$

⑨ $\frac{5}{12}\times2\frac{2}{3}=$

⑩ $2\frac{2}{3}\times1\frac{1}{4}=$

⑪ $1\frac{4}{5}\times1\frac{1}{9}=$

⑫ $1\frac{2}{7}\times\frac{7}{8}=$

⑬ $5\frac{5}{6}\times2\frac{4}{7}=$

⑭ $3\frac{1}{2}\times1\frac{3}{5}=$

분수의 곱셈에서 대분수는 무조건 가분수로 바꾸는 게 먼저예요.

분수의 곱셈을 하세요.

① $6\times\frac{2}{9}=$

② $2\times\frac{5}{8}=$

③ $\frac{7}{12}\times9=$

④ $3\times1\frac{1}{3}=$

⑤ $2\times1\frac{1}{4}=$

⑥ $1\frac{3}{14}\times7=$

⑦ $8\times1\frac{3}{4}=$

⑧ $3\frac{2}{11}\times11=$

⑨ $1\frac{3}{8}\times12=$

⑩ $2\frac{7}{10}\times5=$

⑪ $1\frac{1}{3}\times6=$

⑫ $1\frac{3}{4}\times6=$

⑬ $2\frac{7}{15}\times10=$

도전! 땅 짚고 헤엄치는 문장제

쉬운 문장제로 연산의 기본 개념을 익혀 봐요!

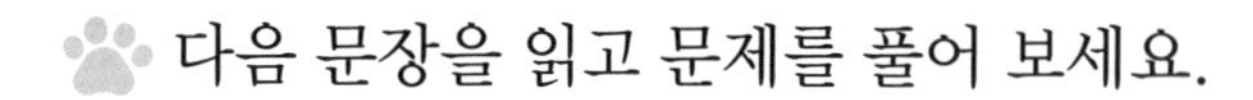

다음 문장을 읽고 문제를 풀어 보세요.

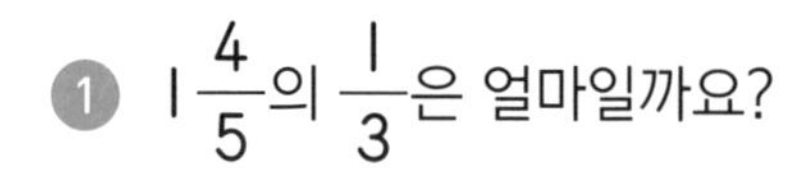

❶ $1\frac{4}{5}$의 $\frac{1}{3}$은 얼마일까요?

____

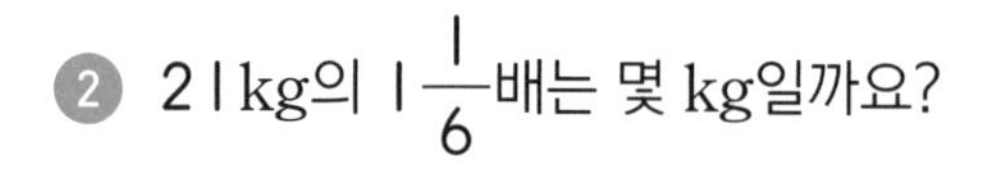

❷ 21 kg의 $1\frac{1}{6}$배는 몇 kg일까요?

____

❸ 가로가 $1\frac{1}{4}$ m, 세로가 $2\frac{6}{7}$ m인 직사각형의 넓이는 몇 m^2일까요?

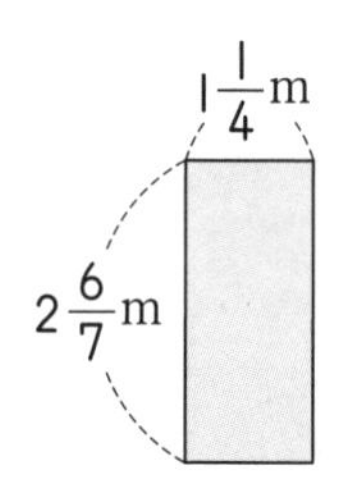

____

❹ 한 변이 $3\frac{1}{4}$ cm인 마름모의 둘레는 몇 cm일까요?

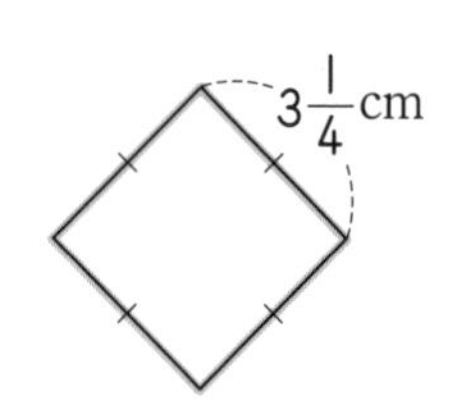

____

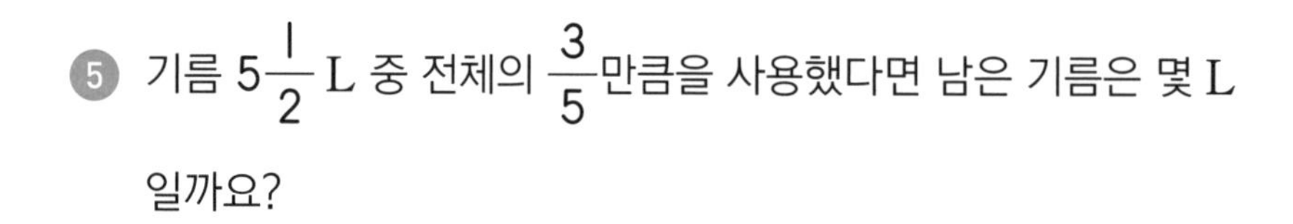

❺ 기름 $5\frac{1}{2}$ L 중 전체의 $\frac{3}{5}$만큼을 사용했다면 남은 기름은 몇 L일까요?

____

❹ 마름모는 네 변의 길이가 같은 사각형이에요.

❺ 사용한 기름이 전체의 $\frac{3}{5}$이므로 남은 기름은 전체의 $\frac{2}{5}$예요.

세 수의 곱셈도 분모끼리, 분자끼리 곱해

세 분수의 곱셈

방법1 앞에서부터 차례로 계산하기

$$\frac{1}{2}\times\frac{3}{4}\times\frac{2}{5}=\frac{3}{8}\times\frac{2}{5}=\frac{\overset{3}{\cancel{6}}}{\underset{20}{\cancel{40}}}=\frac{3}{20}$$

❶ $\frac{1}{2}\times\frac{3}{4}$ ❷ $\times\frac{2}{5}$

방법2 세 분수를 한 번에 계산하기

$$\frac{1}{2}\times\frac{3}{4}\times\frac{2}{5}=\frac{1\times3\times2}{2\times4\times5}=\frac{\overset{3}{\cancel{6}}}{\underset{20}{\cancel{40}}}=\frac{3}{20}$$

방법3 곱셈식에서 약분하기

$$\frac{1}{\underset{1}{\cancel{2}}}\times\frac{3}{4}\times\frac{\overset{1}{\cancel{2}}}{5}=\frac{3}{20}$$

한 번에 기약분수로 나타낼 수 있어서 계산이 편해요.

세 수의 곱셈

대분수는 가분수로, 자연수는 분모가 1인 분수로 바꿔서 계산합니다.

$$1\frac{1}{3}\times\frac{1}{2}\times5=\frac{4}{3}\times\frac{1}{2}\times\frac{5}{1}=\frac{\overset{2}{\cancel{4}}\times1\times5}{3\times\underset{1}{\cancel{2}}\times1}=\frac{10}{3}=3\frac{1}{3}$$

대분수를 가분수로! / 분모가 1인 분수로!

$\frac{\overset{1}{\cancel{3}}}{\underset{1}{\cancel{7}}} \times \frac{\overset{1}{\cancel{7}}}{\underset{3}{\cancel{9}}} \times \frac{2}{5} = \frac{2}{15}$

곱셈식에서 약분할 게 있는지 살펴보고,
약분한 다음 곱하면 계산하기 훨씬 쉬워요.

분수의 곱셈을 하세요.

1. $\frac{1}{2} \times \frac{1}{3} \times \frac{5}{7} = \frac{\square \times \square \times \square}{2 \times 3 \times 7} = \frac{\square}{42}$

2. $\frac{1}{2} \times \frac{1}{3} \times \frac{1}{4} =$

3. $\frac{3}{4} \times \frac{5}{9} \times \frac{1}{2} =$

4. $\frac{4}{5} \times \frac{1}{3} \times \frac{7}{8} =$

5. $\frac{4}{7} \times \frac{7}{8} \times \frac{5}{6} =$

6. $\frac{2}{3} \times \frac{2}{9} \times \frac{3}{5} =$

7. $\frac{5}{6} \times \frac{3}{10} \times \frac{5}{9} =$

8. $\frac{5}{8} \times \frac{4}{15} \times \frac{7}{11} =$

세 분수의 곱셈에서도 대분수는 가분수로 바꿔서 계산하고,
곱셈식에서 약분할 수 있는지 확인해요.

분수의 곱셈을 하세요.

① $\frac{1}{7}\times\frac{8}{11}\times1\frac{3}{4}=$

② $1\frac{4}{5}\times\frac{3}{8}\times\frac{1}{3}=$

③ $\frac{3}{4}\times1\frac{3}{5}\times\frac{1}{9}=$

④ $\frac{5}{12}\times1\frac{3}{5}\times\frac{3}{8}=$

⑤ $\frac{5}{6}\times\frac{3}{7}\times1\frac{3}{4}=$

⑥ $1\frac{3}{10}\times\frac{3}{13}\times2\frac{1}{5}=$

⑦ $3\frac{1}{3}\times1\frac{3}{5}\times\frac{3}{5}=$

⑧ $1\frac{3}{5}\times1\frac{1}{2}\times\frac{5}{9}=$

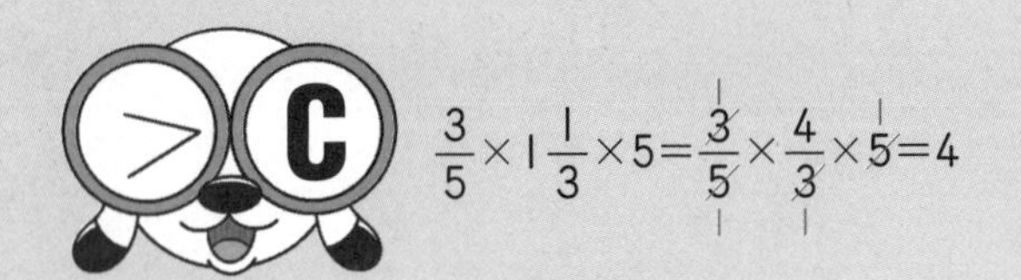

자연수를 분수의 분모와 약분할 수 있는지 살펴봐요.

분수의 곱셈을 하세요.

① $\frac{5}{6}\times\frac{1}{4}\times5=$

② $\frac{2}{5}\times\frac{3}{4}\times5=$

③ $\frac{7}{8}\times2\frac{2}{7}\times4=$

④ $2\times\frac{3}{4}\times1\frac{1}{3}=$

⑤ $1\frac{1}{15}\times3\times\frac{5}{8}=$

⑥ $2\frac{1}{2}\times3\times2\frac{2}{3}=$

⑦ $1\frac{3}{7}\times14\times1\frac{1}{5}=$

⑧ $8\times2\frac{1}{5}\times1\frac{1}{4}=$

도전! 땅 짚고 헤엄치는 문장제

쉬운 문장제로 연산의 기본 개념을 익혀 봐요!

다음 문장을 읽고 문제를 풀어 보세요.

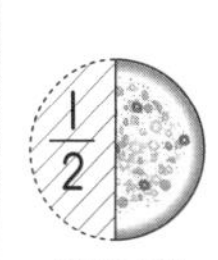

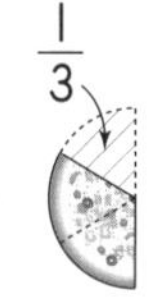

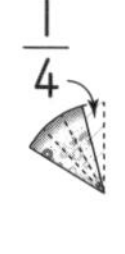

첫째 형　둘째 형　막내

① 피자를 첫째 형은 전체의 $\frac{1}{2}$만큼, 둘째 형은 첫째 형이 먹은 피자의 $\frac{1}{3}$만큼, 막내는 둘째 형이 먹은 피자의 $\frac{1}{4}$만큼을 먹었습니다. 막내가 먹은 피자는 전체의 얼마일까요?

____

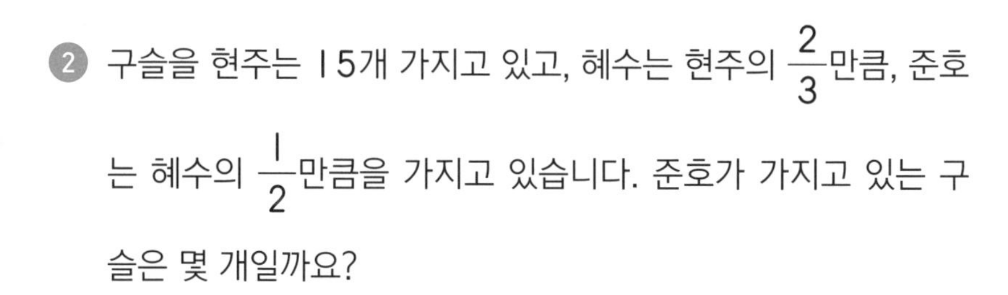

② 구슬을 현주는 15개 가지고 있고, 혜수는 현주의 $\frac{2}{3}$만큼, 준호는 혜수의 $\frac{1}{2}$만큼을 가지고 있습니다. 준호가 가지고 있는 구슬은 몇 개일까요?

____

③ 지희네 반 학생 전체의 $\frac{5}{9}$는 남학생입니다. 남학생 중 $\frac{2}{3}$는 축구를 좋아하고, 그중 $\frac{3}{5}$은 수영도 좋아합니다. 축구와 수영을 모두 좋아하는 남학생은 지희네 반 학생 전체의 얼마일까요?

____

① 둘째 형은 첫째 형이 먹은 피자의 $\frac{1}{3}$배를,

막내는 둘째 형이 먹은 피자의 $\frac{1}{4}$배를 먹은 거예요.

분수의 곱셈 종합 문제

분수의 곱셈을 하세요.

① $\frac{1}{5}\times\frac{1}{4}=$

② $\frac{1}{3}\times\frac{1}{7}=$

③ $\frac{3}{4}\times\frac{1}{2}=$

④ $\frac{1}{9}\times\frac{4}{5}=$

⑤ $\frac{2}{3}\times\frac{2}{7}=$

⑥ $\frac{5}{6}\times\frac{1}{3}=$

⑦ $\frac{3}{5}\times2=$

⑧ $\frac{5}{8}\times3=$

⑨ $4\times\frac{2}{9}=$

⑩ $5\times\frac{7}{19}=$

⑪ $1\frac{2}{3}\times4=$

⑫ $2\frac{1}{6}\times5=$

⑬ $2\times1\frac{1}{11}=$

⑭ $4\times1\frac{3}{5}=$

분수의 곱셈은 분모끼리, 분자끼리 계산하고,
대분수는 꼭! 가분수로 바꿔서 계산해요.
복잡한 것 같지만 약분하면 계산이 훨~~씬 간단해져요.

분수의 곱셈을 하세요.

① $\frac{3}{4}\times\frac{1}{9}=$

② $\frac{8}{9}\times\frac{5}{12}=$

③ $\frac{2}{7}\times\frac{3}{20}=$

④ $\frac{11}{15}\times\frac{5}{11}=$

⑤ $3\times\frac{2}{9}=$

⑥ $15\times\frac{5}{12}=$

⑦ $1\frac{2}{3}\times6=$

⑧ $3\frac{1}{12}\times4=$

⑨ $2\frac{8}{15}\times\frac{5}{8}=$

⑩ $2\frac{12}{25}\times\frac{5}{6}=$

⑪ $6\frac{3}{8}\times\frac{5}{12}=$

⑫ $\frac{15}{32}\times3\frac{4}{5}=$

⑬ $\frac{8}{25}\times2\frac{1}{32}=$

⑭ $\frac{6}{7}\times3\frac{7}{8}=$

분수의 곱셈을 하세요.

① $1\frac{1}{5}\times1\frac{3}{4}=$

② $1\frac{2}{3}\times1\frac{1}{5}=$

③ $3\frac{1}{2}\times1\frac{5}{7}=$

④ $2\frac{2}{7}\times2\frac{1}{3}=$

⑤ $4\frac{1}{2}\times2\frac{1}{3}=$

⑥ $1\frac{1}{10}\times3\frac{2}{11}=$

⑦ $\frac{2}{3}\times\frac{3}{4}\times\frac{1}{5}=$

⑧ $\frac{2}{5}\times\frac{3}{10}\times\frac{5}{9}=$

⑨ $\frac{5}{6}\times\frac{2}{5}\times\frac{3}{10}=$

⑩ $\frac{1}{6}\times\frac{3}{7}\times\frac{14}{17}=$

⑪ $2\times\frac{6}{7}\times1\frac{2}{3}=$

⑫ $5\times2\frac{2}{5}\times1\frac{1}{5}=$

⑬ $3\frac{5}{8}\times\frac{2}{15}\times10=$

⑭ $2\frac{8}{13}\times3\frac{3}{4}\times2\frac{8}{9}=$

세 개의 문 중 곱이 가장 큰 문을 열면 보물을 찾을 수 있습니다. 보물이 숨겨진 문을 찾아 ○표 하세요.

1

2

3

빠독이는 계산 결과가 5보다 큰 식을 따라가려고 합니다. 빠독이가 가는 길을 표시해 보세요.

분수의 곱셈 훈련 끝!
틀린 문제는 연습장에 따로 모아 연습한 다음
분수의 나눗셈 훈련에 들어가요.

다섯째 마당

분수의 나눗셈

분수의 나눗셈은 분수의 곱셈을 이용해서 풀어야 해요. 나눗셈을 곱셈으로 바꾼 다음 분수의 곱셈처럼 계산하면 되니 분수의 나눗셈도 어렵지 않을 거예요. 조금만 더 힘내요! 이번 마당만 마치면 초등학교에서 배우는 분수는 모두 정리가 되는 거예요!

공부할 내용!	완료	10일 진도	20일 진도
22 나눗셈의 몫을 분수로 나타낼 수 있어	☐	9일차	16일차
23 나누는 수의 분모와 분자를 뒤집어~	☐		17일차
24 대분수는 가분수로 바꾼 다음 계산해	☐		18일차
25 분수의 종류와 상관없이 나눗셈의 원리는 같아	☐	10일차	19일차
26 분수의 나눗셈 종합 문제	☐		20일차

나눗셈의 몫을 분수로 나타낼 수 있어

✪ (자연수)÷(자연수)의 몫을 분수로 나타내기

나누기를 곱하기로 바꾸고, 나누는 수의 분모와 분자를 뒤집어 분수의 [1] 곱셈 으로 계산합니다.

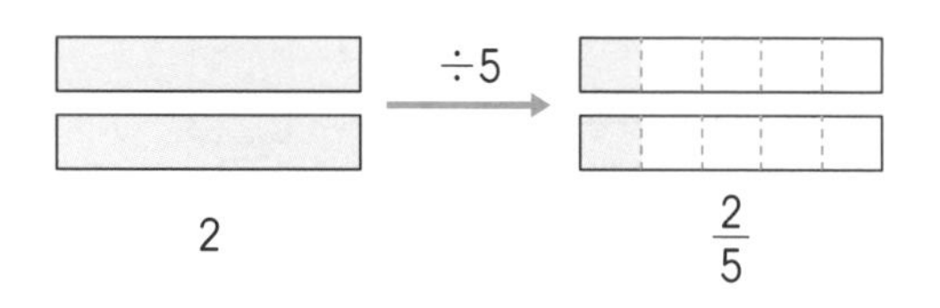

$$2 \div 5 = 2 \times \frac{1}{5} = \frac{2}{5}$$

$\div \frac{5}{1}$

✪ (분수)÷(자연수)의 계산

나누기를 곱하기로 바꾸고, 나누는 수의 분모와 분자를 뒤집어 분수의 곱셈으로 계산합니다.

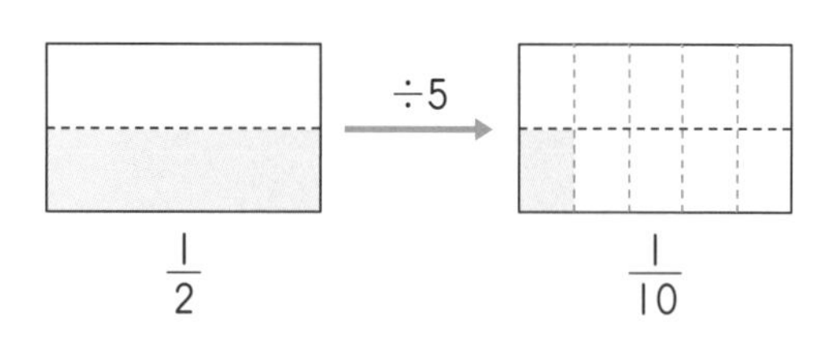

$$\frac{1}{2} \div 5 = \frac{1}{2} \times \frac{1}{5} = \frac{1}{10}$$

$\div \frac{5}{1}$

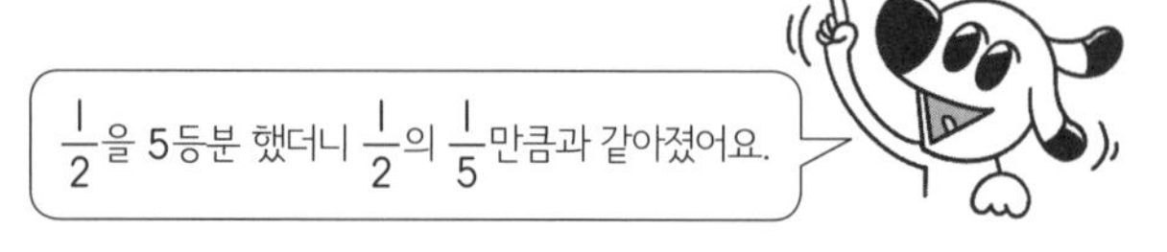

바빠 꿀팁!

- (자연수)÷(자연수)의 몫을 한 번에 분수로 나타내기

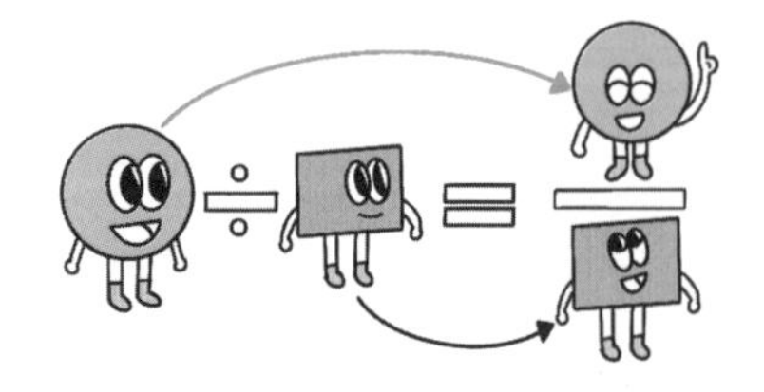

나누어지는 수는 분자로,
나누는 수는 분모로 하여 몫을 나타내요.

1. 곱셈

A $1 \div 5 = 1 \times \frac{1}{5}$ $2 \div 5 = 2 \times \frac{1}{5}$ 나눗셈식을 곱셈식으로 나타내는 연습을 해 봐요.

나눗셈식을 곱셈식으로 나타내세요.

1. $1 \div 3 = 1 \times \frac{1}{\square}$

2. $1 \div 7 = 1 \times \frac{1}{\square}$

3. $1 \div 8 =$

4. $1 \div 12 =$

5. $1 \div 6 =$

6. $1 \div 10 =$

7. $2 \div 3 =$

8. $3 \div 5 =$

9. $4 \div 7 =$

10. $3 \div 4 =$

11. $5 \div 9 =$

12. $6 \div 11 =$

13. $3 \div 8 =$

14. $5 \div 13 =$

15. $2 \div 7 =$

16. $6 \div 7 =$

몫이 약분이 되는 경우 기약분수로 나타내고, 가분수인 경우 대분수로 나타내요!

나눗셈의 몫을 분수로 나타내세요.

① $3 \div 5 =$

② $15 \div 17 =$

③ $4 \div 8 =$

④ $7 \div 21 =$

⑤ $10 \div 25 =$

⑥ $6 \div 8 =$

⑦ $17 \div 30 =$

⑧ $20 \div 63 =$

⑨ $8 \div 25 =$

⑩ $40 \div 9 =$

⑪ $11 \div 6 =$

⑫ $12 \div 11 =$

⑬ $4 \div 3 =$

⑭ $13 \div 8 =$

$\frac{2}{5}\div 4=\frac{\overset{1}{\cancel{2}}}{5}\times\frac{1}{\underset{2}{\cancel{4}}}=\frac{1}{10}$ 나누기를 곱하기로, 자연수를 $\frac{1}{\text{자연수}}$로 바꾸어 계산해요.

분수의 나눗셈을 하세요.

① $\frac{1}{3}\div 2=\frac{1}{3}\times\frac{1}{\square}=\frac{1}{\square}$

② $\frac{1}{4}\div 3=$

③ $\frac{1}{7}\div 4=$

④ $\frac{1}{2}\div 5=$

⑤ $\frac{3}{4}\div 7=$

⑥ $\frac{4}{5}\div 9=$

⑦ $\frac{2}{7}\div 2=$

⑧ $\frac{5}{6}\div 10=$

⑨ $\frac{3}{8}\div 9=$

⑩ $\frac{8}{9}\div 10=$

⑪ $\frac{4}{5}\div 6=$

⑫ $\frac{7}{10}\div 14=$

⑬ $\frac{10}{13}\div 15=$

⑭ $\frac{6}{7}\div 3=$

도전! 땅 짚고 헤엄치는 문장제

쉬운 문장제로 연산의 기본 개념을 익혀 봐요!

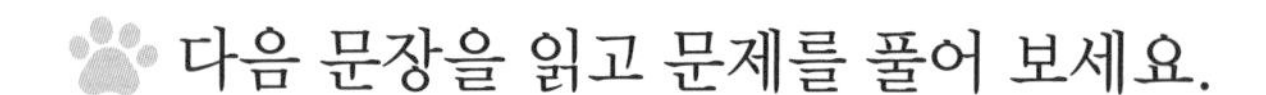

다음 문장을 읽고 문제를 풀어 보세요.

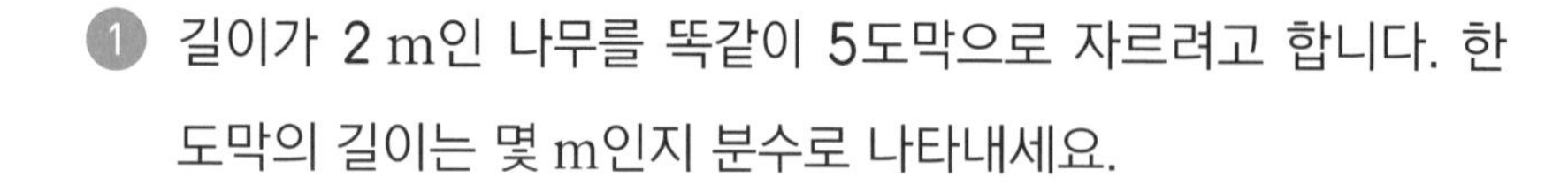

1. 길이가 2 m인 나무를 똑같이 5도막으로 자르려고 합니다. 한 도막의 길이는 몇 m인지 분수로 나타내세요.

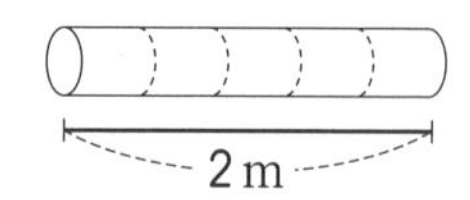

____

2. 길이가 6 cm인 색 테이프를 8등분 하려고 합니다. 한 도막의 길이는 몇 cm인지 분수로 나타내세요.

____

3. 넓이가 8 m^2인 직사각형이 있습니다. 가로가 3m일 때 세로는 몇 m인지 분수로 나타내세요.

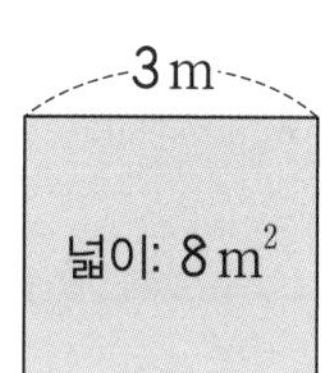

____

4. 넓이가 5 cm^2인 평행사변형이 있습니다. 밑변이 4cm일 때 높이는 몇 cm인지 분수로 나타내세요.

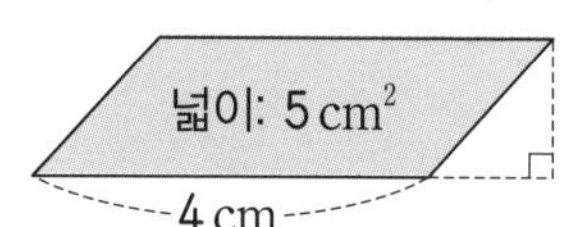

____

3. (직사각형 넓이) = (가로) × (세로) ➡ (세로) = (직사각형 넓이) ÷ (가로)
4. (평행사변형 넓이) = (밑변) × (높이) ➡ (높이) = (평행사변형 넓이) ÷ (밑변)

나누는 수의 분모와 분자를 뒤집어~

(진분수)÷(진분수)의 계산

나누기를 곱하기로 바꾸고, 나누는 수의 분모와 분자를 뒤집어 분수의 곱셈으로 계산합니다.

$$\frac{3}{4}\div\frac{2}{5}=\frac{3}{4}\times\frac{5}{2}=\frac{15}{8}=1\frac{7}{8}$$

(자연수)÷(진분수)의 계산

나누기를 [1] ☐ 로 바꾸고, 나누는 수의 [2] ☐ 와 분자를 뒤집어 분수의 곱셈으로 계산합니다.

$$3\div\frac{2}{5}=3\times\frac{5}{2}=\frac{15}{2}=7\frac{1}{2}$$

바빠 꿀팁!

- 자연수를 분수로 나눌 때 나누는 수를 뒤집지 않고 구할 수도 있어요.

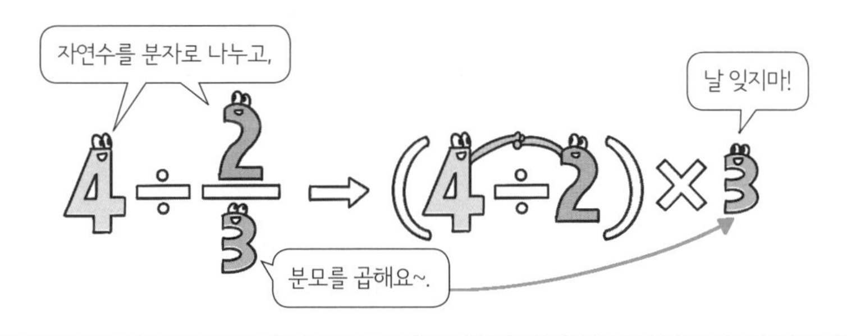

1. 곱하기 2. 분모

$\frac{4}{5} \div \frac{2}{5} = 4 \div 2 = 2$ 분모가 같은 분수의 나눗셈은 분자끼리 나누어 계산해도 돼요.

분수의 나눗셈을 하세요.

① $\frac{1}{2} \div \frac{1}{3} = \frac{1}{\square} \times \frac{\square}{1} = \frac{\square}{\square} = \square\frac{\square}{\square}$ 가분수는 대분수로 나타내요.

② $\frac{1}{3} \div \frac{1}{4} =$

③ $\frac{4}{7} \div \frac{1}{3} =$

④ $\frac{2}{5} \div \frac{1}{10} =$

⑤ $\frac{3}{4} \div \frac{1}{2} =$

⑥ $\frac{2}{3} \div \frac{5}{6} =$

⑦ $\frac{5}{12} \div \frac{2}{3} =$

⑧ $\frac{5}{24} \div \frac{5}{12} =$

⑨ $\frac{6}{7} \div \frac{3}{7} = \square \div \square = \square$

⑩ $\frac{4}{5} \div \frac{2}{5} =$

⑪ $\frac{8}{9} \div \frac{2}{9} =$

⑫ $\frac{7}{8} \div \frac{5}{8} =$

⑬ $\frac{10}{11} \div \frac{3}{11} =$

나누는 수의 분모와 분자를 뒤집어서 곱해요.

분수의 나눗셈을 하세요.

❶ $2 \div \frac{2}{3} = 2 \times \frac{\square}{\square} = \square$

❷ $5 \div \frac{1}{4} =$

❸ $8 \div \frac{1}{2} =$

❹ $5 \div \frac{1}{7} =$

❺ $4 \div \frac{5}{6} =$

❻ $7 \div \frac{9}{11} =$

❼ $3 \div \frac{3}{4} =$

❽ $9 \div \frac{3}{7} =$

❾ $3 \div \frac{2}{5} =$

❿ $1 \div \frac{3}{5} =$

⓫ $8 \div \frac{2}{9} =$

⓬ $5 \div \frac{10}{11} =$

⓭ $12 \div \frac{8}{9} =$

⓮ $10 \div \frac{4}{9} =$

$\frac{\blacktriangle}{\bullet} \div \frac{\star}{\blacksquare} = \frac{\blacktriangle}{\bullet} \times \frac{\blacksquare}{\star}$

분수의 나눗셈은 나누는 수를 뒤집어 곱한다는 것!
딱 하나만 기억하면 돼요.

분수의 나눗셈을 하세요.

① $\frac{2}{5} \div \frac{7}{9} =$

② $\frac{2}{7} \div \frac{4}{5} =$

③ $\frac{9}{10} \div \frac{3}{5} =$

④ $\frac{4}{5} \div \frac{7}{10} =$

⑤ $\frac{8}{9} \div \frac{6}{7} =$

⑥ $\frac{7}{18} \div \frac{21}{23} =$

⑦ $\frac{4}{15} \div \frac{2}{15} =$

⑧ $\frac{4}{11} \div \frac{3}{11} =$

⑨ $7 \div \frac{5}{6} =$

⑩ $\frac{5}{8} \div 10 =$

⑪ $9 \div \frac{12}{25} =$

⑫ $1 \div \frac{1}{13} =$

⑬ $4 \div \frac{4}{5} =$

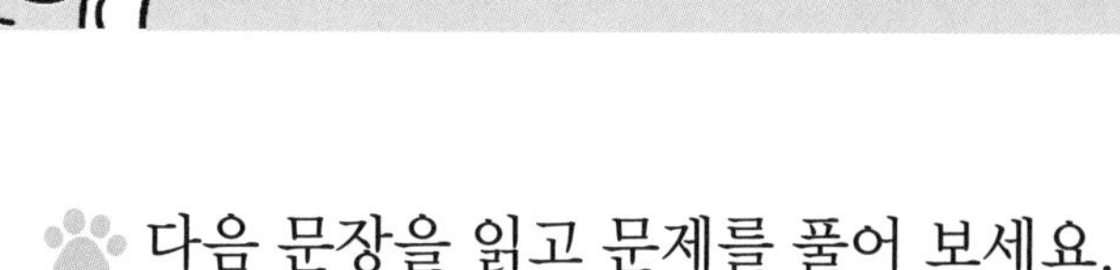

다음 문장을 읽고 문제를 풀어 보세요.

① 길이가 5 m인 나무를 $\frac{1}{5}$ m씩 자르면 모두 몇 도막이 될까요?

____

② 주스 $\frac{6}{7}$ L를 하루에 $\frac{2}{7}$ L씩 매일 먹으려고 합니다. 며칠 동안 먹을 수 있을까요?

____

③ 선물 상자 한 개를 포장하는 데 $\frac{3}{8}$ m의 끈이 필요합니다. 끈 $\frac{3}{4}$ m로는 선물 상자 몇 개를 포장할 수 있을까요?

____

④ 물 12L를 $\frac{2}{3}$ L씩 작은 물통에 나누어 담으려고 합니다. 필요한 작은 물통은 모두 몇 개일까요?

____

대분수는 가분수로 바꾼 다음 계산해

✪ (대분수)÷(대분수)의 계산

먼저 대분수를 [1] ☐ 로 바꾼 다음 분수의 곱셈으로 계산합니다.

$$2\frac{1}{3}\div1\frac{1}{4}=\frac{7}{3}\div\frac{5}{4}=\frac{7}{3}\times\frac{4}{5}=\frac{28}{15}=1\frac{13}{15}$$

대분수를 가분수로!

✪ (자연수)÷(대분수)의 계산

자연수와 대분수의 나눗셈도 먼저 대분수를 가분수로 바꾼 다음 분수의 곱셈으로 계산합니다.

$$2\div1\frac{1}{5}=2\div\frac{6}{5}=\overset{1}{\cancel{2}}\times\frac{5}{\underset{3}{\cancel{6}}}=\frac{5}{3}=1\frac{2}{3}$$

대분수를 가분수로!

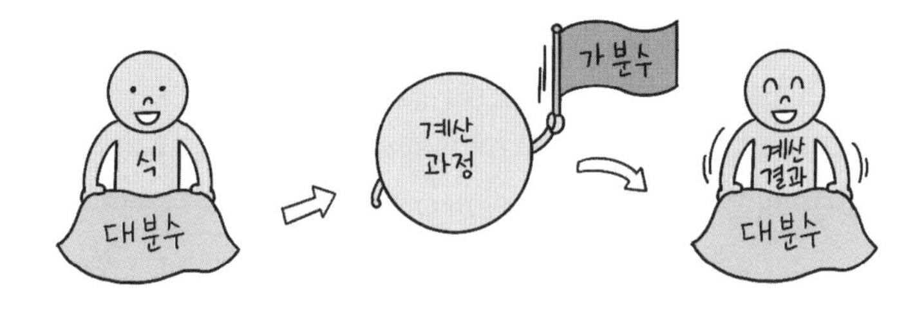

- **분모와 분자를 바꾼 수를 '역수'라고 불러요.**

진분수의 역수

$\frac{2}{3}$ ↔ $\frac{3}{2}$

$\frac{3}{2}$의 역수 $\frac{2}{3}$의 역수

대분수의 역수

$1\frac{2}{3}=\frac{5}{3}$ ↔ $\frac{3}{5}$

대분수를 가분수로!

자연수의 역수

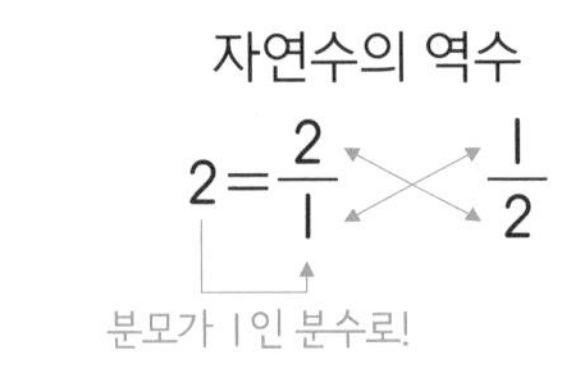

$2=\frac{2}{1}$ ↔ $\frac{1}{2}$

분모가 1인 분수로!

1. 가분수

$\frac{3}{8}\div 2\frac{1}{4}=\frac{3}{8}\div\frac{9}{4}=\frac{\overset{1}{\cancel{3}}}{\underset{2}{\cancel{8}}}\times\frac{\overset{1}{\cancel{4}}}{\underset{3}{\cancel{9}}}=\frac{1}{6}$ 대분수가 나오면 가분수로 바꾸는 것을 가장 먼저 해야 해요.

분수의 나눗셈을 하세요.

1. $\frac{2}{3}\div 1\frac{1}{6}=\frac{2}{3}\div\frac{\square}{6}=\frac{2}{3}\times\frac{\square}{\square}=\frac{\square}{\square}$
2. $\frac{4}{5}\div 1\frac{3}{10}=$
3. $2\frac{2}{3}\div\frac{4}{5}=$
4. $3\frac{3}{4}\div\frac{1}{4}=$
5. $1\frac{1}{7}\div 4=$

   4는 $\frac{4}{1}$와 같아요.
6. $2\frac{2}{9}\div\frac{1}{3}=$
7. $1\frac{2}{5}\div\frac{7}{8}=$
8. $1\frac{3}{5}\div\frac{8}{13}=$
9. $3\frac{1}{2}\div 1\frac{3}{4}=$
10. $4\frac{1}{2}\div 2\frac{1}{4}=$
11. $2\frac{2}{7}\div 3\frac{1}{5}=$
12. $1\frac{1}{9}\div 2\frac{2}{9}=$
13. $1\frac{2}{5}\div 1\frac{3}{4}=$
14. $1\frac{5}{6}\div 2\frac{1}{3}=$

대분수를 가분수로 바꿀 때 빠르게 계산하는 방법 알고있죠?

분수의 나눗셈을 하세요.

① $2\div1\frac{1}{2}=$

② $2\div1\frac{1}{5}=$

③ $4\div2\frac{1}{3}=$

④ $10\div5\frac{1}{3}=$

⑤ $7\div1\frac{3}{4}=$

⑥ $3\div1\frac{1}{8}=$

⑦ $3\div1\frac{4}{5}=$

⑧ $5\div1\frac{1}{9}=$

⑨ $6\div3\frac{3}{4}=$

⑩ $7\div6\frac{1}{8}=$

⑪ $3\div2\frac{5}{6}=$

⑫ $3\div2\frac{6}{7}=$

⑬ $4\div1\frac{5}{12}=$

⑭ $11\div2\frac{4}{9}=$

분수의 나눗셈을 하세요.

① $\frac{1}{6} \div 3\frac{1}{3} =$

② $\frac{5}{8} \div 1\frac{1}{9} =$

③ $\frac{6}{13} \div 2\frac{1}{7} =$

④ $1\frac{5}{9} \div \frac{7}{12} =$

⑤ $24 \div 1\frac{1}{3} =$

⑥ $18 \div 1\frac{1}{5} =$

⑦ $3 \div 1\frac{2}{7} =$

⑧ $3\frac{2}{5} \div 4\frac{6}{7} =$

⑨ $21 \div 1\frac{1}{6} =$

⑩ $1\frac{1}{3} \div 2\frac{2}{9} =$

⑪ $3\frac{6}{7} \div 9 =$

⑫ $2\frac{1}{4} \div 1\frac{2}{3} =$

⑬ $2\frac{5}{12} \div 29 =$

분수의 종류가 달라져도 분수의 나눗셈을 계산하는 방법은 항상 같아요.

도전! 땅 짚고 헤엄치는 문장제

쉬운 문장제로 연산의 기본 개념을 익혀 봐요!

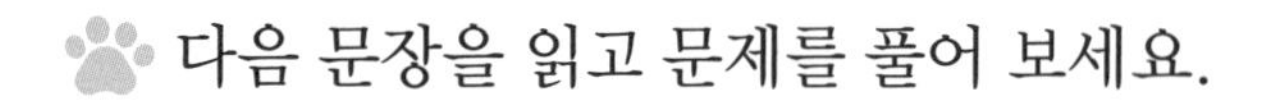
다음 문장을 읽고 문제를 풀어 보세요.

① 넓이가 $10\frac{2}{3}$ m²인 직사각형의 가로가 $1\frac{1}{3}$ m일 때 세로는 몇 m일까요?

____

② 물 6 L를 하루에 $1\frac{1}{5}$ L씩 매일 마신다면 며칠 동안 마실 수 있을까요?

____

③ 길이가 $6\frac{1}{4}$ m인 색 테이프를 $1\frac{1}{4}$ m씩 자르면 몇 도막이 될까요?

____

④ 지후네 가족이 쌀을 하루에 $1\frac{1}{9}$ kg씩 매일 먹는다면 쌀 20kg은 며칠 동안 먹을 수 있을까요?

____

25 분수의 종류와 상관없이 나눗셈의 원리는 같아

세 수의 나눗셈

분수의 종류와 상관없이 분수의 나눗셈을 분수의 곱셈으로 나타내어 한 번에 계산합니다.

$$\frac{5}{9} \div 5 \div \frac{1}{2} = \frac{\overset{1}{\cancel{5}}}{9} \times \frac{1}{\underset{1}{\cancel{5}}} \times \frac{2}{1} = \frac{2}{9}$$

곱셈, 나눗셈이 있는 혼합 계산식

방법1 앞에서부터 차례로 계산합니다.

$$\frac{2}{5} \div 5 \times 3 = \frac{2}{5} \times \frac{1}{5} \times 3 = \frac{2}{25} \times 3 = \frac{6}{25}$$

방법2 분수의 곱셈으로 나타내어 한 번에 계산합니다.

$$\frac{2}{5} \div 5 \times 3 = \frac{2}{5} \times \frac{1}{5} \times 3 = \frac{6}{25}$$

앗! 실수

- 곱셈, 나눗셈이 있는 혼합 계산식은 계산 순서가 중요해요!

바른 계산 $\frac{2}{5} \div 5 \times 3 = \frac{6}{25}$ 틀린 계산 $\frac{2}{5} \div 5 \times 3 = \frac{2}{75}$

➡ 계산 순서가 바뀌면 계산 결과도 바뀌므로 반드시 앞에서부터 차례로 계산해요.

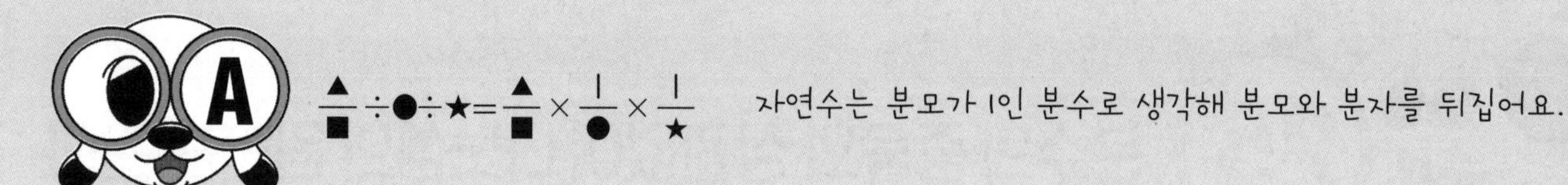

분수의 나눗셈을 하세요.

① $\frac{2}{3} \div 2 \div 3 = \frac{2}{3} \times \frac{\square}{2} \times \frac{\square}{3} = \frac{\square}{\square}$

② $\frac{7}{9} \div 3 \div 7 =$

③ $\frac{4}{5} \div 2 \div 4 =$

④ $\frac{3}{4} \div \frac{1}{5} \div 3 =$

⑤ $\frac{11}{15} \div \frac{1}{3} \div \frac{4}{7} =$

⑥ $1\frac{1}{9} \div \frac{5}{6} \div 4 =$

⑦ $1\frac{5}{7} \div \frac{3}{7} \div \frac{2}{3} =$

⑧ $3\frac{1}{2} \div 1\frac{2}{5} \div 3 =$

곱셈과 나눗셈이 있는 혼합 계산식은 순서가 바뀌면 계산 결과도 바뀐다는 점! 잊지 말아요.

계산하세요.

1. $\frac{6}{7}\times2\div3=\frac{6}{7}\times\square\times\frac{\square}{\square}=\frac{\square}{\square}$

2. $\frac{2}{3}\times3\div4=$

3. $\frac{5}{6}\times2\div8=$

4. $1\frac{3}{5}\times5\div7=$

5. $2\frac{1}{4}\times2\div3=$

6. $\frac{7}{9}\div7\times3=$

7. $\frac{9}{11}\div3\times3=$

8. $2\frac{4}{5}\div8\times10=$

계산하세요.

❶ $\frac{4}{7}\times\frac{1}{2}\div\frac{1}{3}=\frac{4}{7}\times\frac{\square}{2}\times\square=\frac{\square}{\square}$

❷ $\frac{7}{9}\times\frac{3}{7}\div\frac{1}{2}=$

❸ $\frac{4}{5}\times\frac{1}{12}\div\frac{3}{4}=$

❹ $\frac{9}{10}\times\frac{2}{3}\div\frac{3}{5}=$

❺ $\frac{5}{12}\times\frac{9}{20}\div\frac{7}{8}=$

❻ $\frac{1}{2}\div\frac{1}{6}\times\frac{1}{2}=$

❼ $\frac{5}{9}\div\frac{5}{6}\times\frac{2}{3}=$

❽ $\frac{5}{8}\div\frac{1}{2}\times\frac{4}{5}=$

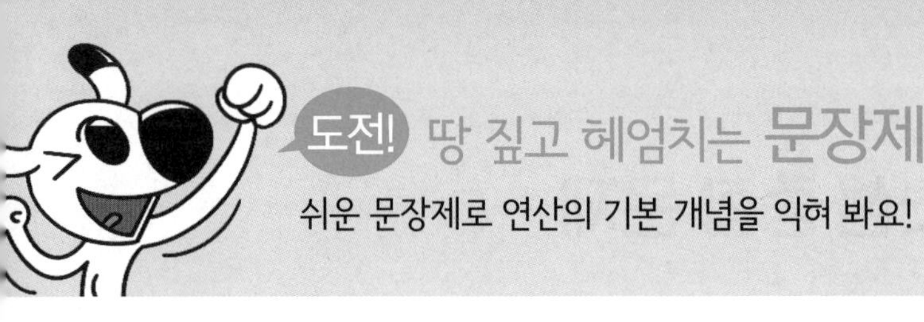

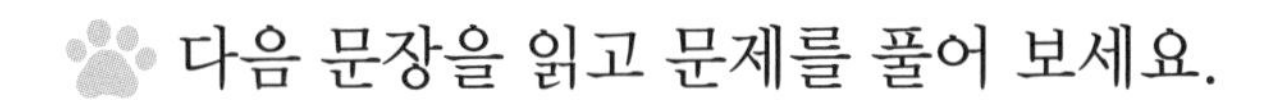

다음 문장을 읽고 문제를 풀어 보세요.

1. 한 봉지에 $3\frac{3}{4}$ kg씩 들어 있는 강낭콩이 8봉지있습니다. 9명의 학생들이 똑같이 나누어 가지려면 한 학생이 몇 kg씩 가져야 할까요?

2. 소희네 학교 5학년은 한 반에 24명씩 모두 4반이 있습니다. 찰흙 $35\frac{1}{5}$ kg을 5학년 모든 학생들에게 똑같이 나누어 주려면 한 학생이 몇 kg씩 가져야 할까요?

3. 3분 동안 $\frac{4}{5}$ km를 일정한 빠르기로 달리는 자전거가 10분 동안 달린 거리는 몇 km일까요?

4. 30분 동안 $1\frac{1}{4}$ km를 일정한 빠르기로 걷는 지후가 16분 동안 걸은 거리는 몇 km일까요?

3 자전거가 1분 동안 달린 거리를 구한 다음 10을 곱하면 10분 동안 달린 거리가 나와요.

섞어 연습하기

26 분수의 나눗셈 종합 문제

나눗셈의 몫을 분수로 나타내세요.

① $1 \div 8 =$

② $11 \div 15 =$

③ $8 \div 11 =$

④ $6 \div 9 =$

⑤ $5 \div 7 =$

⑥ $9 \div 8 =$

⑦ $2 \div 3 =$

⑧ $5 \div 3 =$

⑨ $\frac{3}{8} \div 4 =$

⑩ $\frac{5}{12} \div 15 =$

⑪ $\frac{1}{9} \div 7 =$

⑫ $\frac{9}{10} \div 2 =$

⑬ $\frac{1}{2} \div 7 =$

⑭ $\frac{2}{5} \div 8 =$

분수의 나눗셈은 나누는 수를 뒤집어 뒤집어~~.
나누는 수의 분모와 분자를 뒤집고, 나눗셈은 곱셈으로!
나누는 수를 뒤집기 전에 대분수는 가분수로 바꿔야 한다는 것! 잊지 말아요.

분수의 나눗셈을 하세요.

① $\frac{5}{6} \div \frac{3}{10} =$

② $\frac{14}{15} \div \frac{1}{3} =$

③ $\frac{7}{8} \div \frac{1}{2} =$

④ $\frac{9}{10} \div \frac{2}{3} =$

⑤ $\frac{7}{11} \div \frac{4}{11} =$

⑥ $\frac{8}{13} \div \frac{4}{13} =$

⑦ $\frac{5}{8} \div \frac{5}{6} =$

⑧ $\frac{5}{12} \div \frac{5}{6} =$

⑨ $1\frac{1}{8} \div \frac{3}{4} =$

⑩ $2\frac{3}{4} \div \frac{11}{16} =$

⑪ $3\frac{1}{2} \div \frac{7}{8} =$

⑫ $4\frac{1}{2} \div \frac{3}{14} =$

⑬ $1\frac{1}{6} \div \frac{7}{30} =$

⑭ $2\frac{1}{7} \div \frac{2}{7} =$

분수의 나눗셈을 하세요.

① $5\frac{1}{2} \div 2\frac{1}{5} =$

② $2\frac{5}{8} \div 4\frac{1}{2} =$

③ $2\frac{1}{12} \div 1\frac{1}{9} =$

④ $5\frac{3}{5} \div 1\frac{13}{15} =$

⑤ $7\frac{1}{7} \div 2\frac{1}{12} =$

⑥ $3\frac{1}{3} \div 1\frac{2}{3} =$

⑦ $6\frac{2}{7} \div 7\frac{1}{3} =$

⑧ $2\frac{1}{2} \div 1\frac{5}{6} =$

⑨ $2\frac{1}{5} \div 1\frac{2}{9} \div 8 =$

⑩ $\frac{3}{5} \div \frac{6}{25} \div \frac{3}{4} =$

⑪ $3\frac{5}{9} \times 2 \div 6 =$

⑫ $4\frac{2}{7} \div 3 \div \frac{5}{11} =$

⑬ $8 \times \frac{1}{6} \div 2\frac{2}{13} =$

⑭ $1\frac{5}{8} \div \frac{1}{5} \times 2\frac{2}{15} =$

나눗셈의 몫이 주어진 수보다 큰 식을 모두 찾아 색칠해 보세요.

1

$1 \div 5$	$7 \div 3$	$1 \div 6$	$10 \div 10$
$5 \div 2$	$5 \div 8$	$2 \div 5$	$19 \div 16$
$8 \div 19$	$16 \div 3$	$9 \div 7$	$1 \div 2$
$5 \div 4$	$3 \div 4$	$17 \div 20$	$10 \div 3$

2

$\frac{5}{32} \div 1\frac{1}{4}$	$17 \div 6$	$3\frac{1}{3} \div \frac{5}{6}$	$27 \div 8$
$4\frac{2}{3} \div 1\frac{1}{3}$	$5\frac{5}{6} \div \frac{5}{7}$	$7\frac{1}{4} \div 2\frac{7}{12}$	$3\frac{1}{5} \div \frac{8}{9}$
$64 \div 30$	$4\frac{4}{7} \div \frac{8}{9}$	$5\frac{1}{2} \div 1\frac{2}{3}$	$6\frac{1}{4} \div 3\frac{1}{2}$
$2\frac{2}{15} \div \frac{4}{5}$	$1\frac{1}{14} \div \frac{5}{7}$	$2\frac{1}{12} \div \frac{5}{6}$	$1\frac{9}{10} \div \frac{3}{5}$

계산 결과가 같은 것끼리 선으로 이어 보세요.

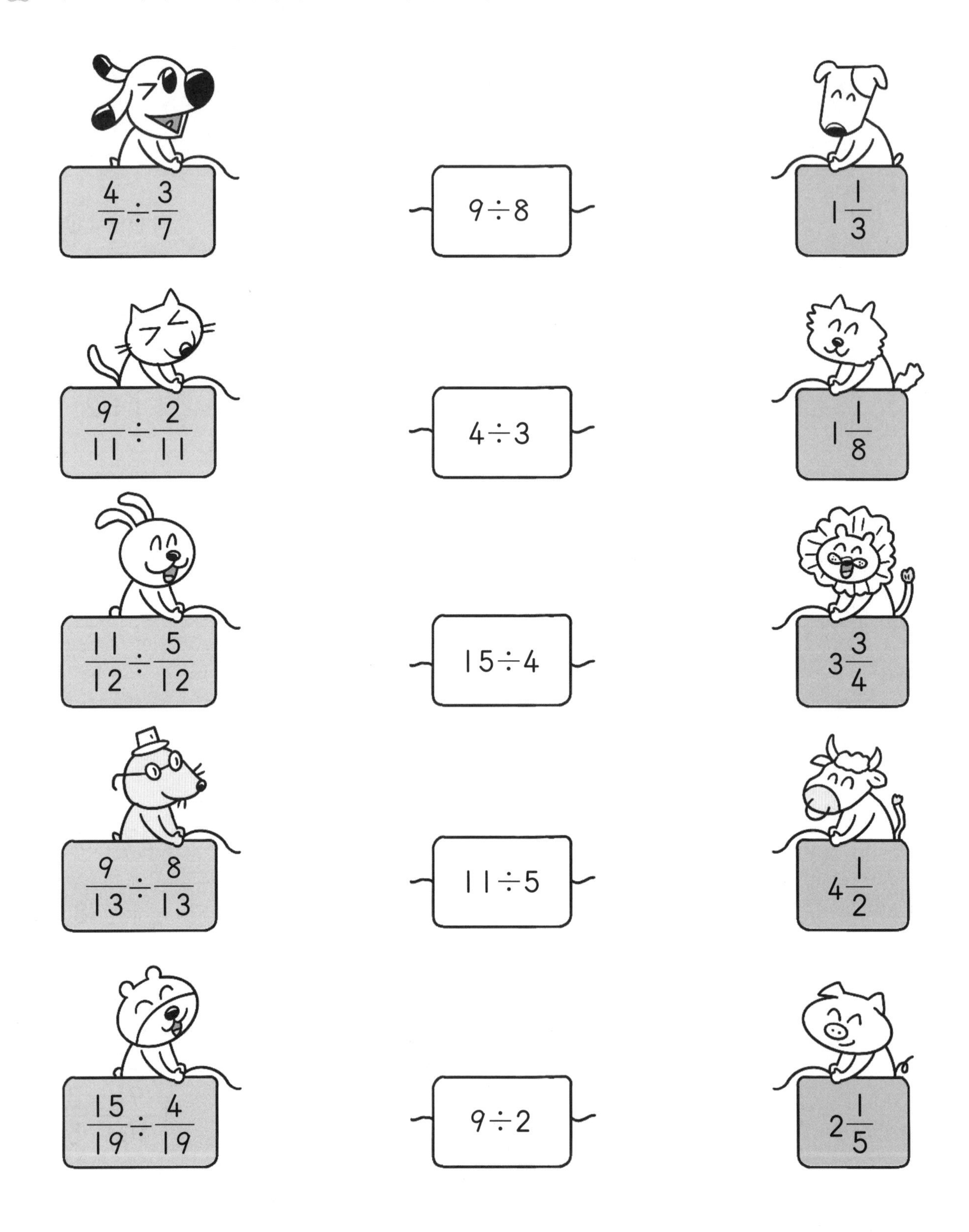

바쁜 5·6학년을 위한 빠른 분수

스마트폰으로도 정답을 확인할 수 있어요!

맨날 노는데 수학 잘하는 너! 도대체 비결이 뭐야?

① 정답을 확인한 후 틀린 문제는 ☆표를 쳐 놓으세요~.
② 그런 다음 연습장에 틀린 문제를 옮겨 적으세요.
③ 그리고 그 문제들만 한 번 더 풀어 보세요.

시간은 얼마 걸리지 않아요. 그러나 이때 실력이 확 붙는 거예요.
아는 문제를 여러 번 다시 푸는 건 시간 낭비예요.
내가 틀린 문제만 모아서 풀면 아무리 바쁘더라도
수학 실력을 키울 수 있어요!

비결은 간단해!

01단계 A

19쪽

① 4의 약수: 1, 2, 4
1, 4 / 2, 2 / 4, 1

② 8의 약수: 1, 2, 4, 8
1, 8 / 2, 4 / 4, 2 / 8, 1

③ 1, 7

④ 1, 2, 5, 10

⑤ 1, 2, 3, 4, 6, 12

⑥ 1, 3, 5, 15

⑦ 1, 2, 4, 8, 16

⑧ 1, 2, 4, 5, 10, 20

⑨ 1, 5, 25

⑩ 1, 2, 3, 5, 6, 10, 15, 30

⑪ 1, 2, 4, 8, 16, 32

⑫ 1, 2, 5, 10, 25, 50

⑬ 1, 2, 4, 5, 10, 20, 25, 50, 100

01단계 B

20쪽

① 6, 8, 10

② 12, 16, 20

③ 3, 6, 9, 12, 15

④ 6, 12, 18, 24, 30

⑤ 7, 14, 21, 28, 35

⑥ 8, 16, 24, 32, 40

⑦ 9, 18, 27, 36, 45

⑧ 10, 20, 30, 40, 50

⑨ 12, 24, 36, 48, 60

⑩ 15, 30, 45, 60, 75

⑪ 20, 40, 60, 80, 100

⑫ 25, 50, 75, 100, 125

⑬ 50, 100, 150, 200, 250

01단계 도전! 땅 짚고 헤엄치는 문장제

21쪽

① 4개

② 24

③ 11

④ 18, 1

⑤ 196

② 14의 약수의 합: $1+2+7+14=24$

③ 배수 중 가장 작은 수는 자기 자신이므로
11의 배수 중 가장 작은 수는 11입니다.

④ 18을 나누어떨어지게 하는 수는 18의 약수인
1, 2, 3, 6, 9, 18입니다.
이 중 가장 큰 수는 18이고, 가장 작은 수는 1입니다.

⑤ $3\times78=234$, $3\times117=351$

02단계 A

23쪽

① 4의 약수: 1, 2, 4
10의 약수: 1, 2, 5, 10
➡ 4와 10의 공약수: 1, 2
➡ 4와 10의 최대공약수: 2

② 6의 약수: 1, 2, 3, 6
9의 약수: 1, 3, 9
➡ 6과 9의 공약수: 1, 3
➡ 6과 9의 최대공약수: 3

③ 15의 약수: 1, 3, 5, 15
17의 약수: 1, 17
➡ 15와 17의 공약수: 1
➡ 15와 17의 최대공약수: 1

④ 8의 약수: 1, 2, 4, 8
20의 약수: 1, 2, 4, 5, 10, 20
➡ 8과 20의 공약수: 1, 2, 4
➡ 8과 20의 최대공약수: 4

⑤ 16의 약수: 1, 2, 4, 8, 16
18의 약수: 1, 2, 3, 6, 9, 18
➡ 16과 18의 공약수: 1, 2
➡ 16과 18의 최대공약수: 2

⑥ 21의 약수: 1, 3, 7, 21
27의 약수: 1, 3, 9, 27
➡ 21과 27의 공약수: 1, 3
➡ 21과 27의 최대공약수: 3

⑦ 24의 약수: 1, 2, 3, 4, 6, 8, 12, 24
32의 약수: 1, 2, 4, 8, 16, 32
➡ 24와 32의 공약수: 1, 2, 4, 8
➡ 24와 32의 최대공약수: 8

⑧ 36의 약수: 1, 2, 3, 4, 6, 9, 12, 18, 36
42의 약수: 1, 2, 3, 6, 7, 14, 21, 42
➡ 36과 42의 공약수: 1, 2, 3, 6
➡ 36과 42의 최대공약수: 6

02단계 B 24쪽

① 3 / 5	② 3, 9 / 2, 3 / 6		③ 2
④ 4	⑤ 3	⑥ 5	⑦ 7
⑧ 3	⑨ 6	⑩ 15	⑪ 9
⑫ 12			

02단계 도전! 땅 짚고 헤엄치는 문장제 25쪽

① 3	② 4개	③ 1, 5, 25
④ 10	⑤ 12명	

② 30의 약수: 1, 2, 3, 5, 6, 10, 15, 30
24의 약수: 1, 2, 3, 4, 6, 8, 12, 24
30과 24의 공약수: 1, 2, 3, 6 ➡ 4개

③ 어떤 두 수의 공약수는 최대공약수의 약수이므로 두 수의 공약수는 25의 약수인 1, 5, 25입니다.

④ 30과 20을 모두 나누어떨어지게 하는 수는 두 수의 공약수이고, 이 중 가장 큰 수는 두 수의 최대공약수인 10입니다.

⑤ '똑같이 나누어 주려고 한다'는 것은 공약수를 의미하고, '최대'는 최대공약수를 의미하므로 48과 36의 최대공약수를 구합니다.

```
2 ) 48  36
2 ) 24  18
3 ) 12   9
     4   3
```
➡ 최대공약수: $2\times2\times3=12$

03단계 A 27쪽

① 2의 배수: 2, 4, 6, 8 ……
4의 배수: 4, 8, 12, 16 ……
➡ 2와 4의 공배수: 4, 8
➡ 2와 4의 최소공배수: 4

② 6의 배수: 6, 12, 18, 24, 30, 36 ……
9의 배수: 9, 18, 27, 36, 45 ……
➡ 6과 9의 공배수: 18, 36
➡ 6과 9의 최소공배수: 18

③ 10의 배수: 10, 20, 30, 40, 50, 60 ……
15의 배수: 15, 30, 45, 60, 75 ……
➡ 10과 15의 공배수: 30, 60
➡ 10과 15의 최소공배수: 30

④ 3의 배수: 3, 6, 9, 12, 15, 18 ……
9의 배수: 9, 18, 27, 36, 45 ……
➡ 3과 9의 공배수: 9, 18
➡ 3과 9의 최소공배수: 9

⑤ 3의 배수: 3, 6, 9, 12, 15, 18, 21, 24 ……
4의 배수: 4, 8, 12, 16, 20, 24 ……
➡ 3과 4의 공배수: 12, 24
➡ 3과 4의 최소공배수: 12

⑥ 6의 배수: 6, 12, 18, 24, 30, 36, 42, 48 ……
8의 배수: 8, 16, 24, 32, 40, 48 ……
➡ 6과 8의 공배수: 24, 48
➡ 6과 8의 최소공배수: 24

⑦ 5의 배수: 5, 10, 15, 20, 25, 30, 35, 40 ……
20의 배수: 20, 40, 60, 80, 100 ……
➡ 5와 20의 공배수: 20, 40
➡ 5와 20의 최소공배수: 20

⑧ 2의 배수: 2, 4, 6, 8, 10, 12, 14, 16, 18, 20 ……
5의 배수: 5, 10, 15, 20 ……
➡ 2와 5의 공배수: 10, 20
➡ 2와 5의 최소공배수: 10

03단계 B (28쪽)

① 15　② 2 / 2, 6 / 2, 3 / 24　③ 42
④ 45　⑤ 70　⑥ 72　⑦ 33
⑧ 70　⑨ 48　⑩ 20　⑪ 80

03단계 도전! 땅 짚고 헤엄치는 문장제 (29쪽)

① 18　② 60　③ 2개　④ 6

문장제 풀이

② 공배수 중 가장 작은 수는 최소공배수입니다.

$$3\,)\,\underline{12\quad 15}$$
$$4\quad 5$$
➡ 최소공배수: $3\times4\times5=60$

③ 4의 배수이면서 10의 배수인 수는 4와 10의 공배수입니다.
두 수의 최소공배수가 20이므로 두 수의 공배수는 20의 배수입니다.
50보다 작은 20의 배수: 20, 40 ➡ 2개

④ 3으로도 나누어떨어지고, 6으로도 나누어떨어지는 가장 작은 수는 3과 6의 최소공배수입니다.

$$3\,)\,\underline{3\quad 6}$$
$$1\quad 2$$
➡ 최소공배수: $3\times1\times2=6$

04단계 A (31쪽)

① 2, 3, 4, 5, 6, 7
② 4, 6, 8, 10, 12, 14
③ 16, 24, 32, 40, 48, 56
④ 6, 9, 16, 20, 18, 21
⑤ 10, 9, 20, 25, 30, 21
⑥ 14, 21, 16, 20, 42, 49
⑦ 12, 15, 24, 25, 36, 35
⑧ 4, 27, 36, 10, 12, 63

04단계 B (32쪽)

① 8, 4, 2, 1　② 15, 12, 10, 2, 1
③ 12, 8, 9, 4, 3　④ 36, 24, 9, 8, 3
⑤ 30, 20, 12, 8, 4　⑥ 40, 15, 16, 6, 4
⑦ 25, 10, 5, 4, 2　⑧ 12, 10, 4, 2

04단계  도전! 땅 짚고 헤엄치는 문장제 (33쪽)

① $\frac{6}{10}$　② $\frac{3}{4}$

③ $\frac{3}{5}$, $\frac{6}{10}$　④ $\frac{12}{21}$, $\frac{20}{35}$, $\frac{16}{28}$에 ○표

⑤ $\frac{12}{27}$, $\frac{8}{18}$에 ○표

문장제 풀이

④ $\frac{4\times3}{7\times3}=\frac{12}{21}$, $\frac{4\times4}{7\times4}=\frac{16}{28}$, $\frac{4\times5}{7\times5}=\frac{20}{35}$

⑤ $\frac{24\div2}{54\div2}=\frac{12}{27}$, $\frac{24\div3}{54\div3}=\frac{8}{18}$

05단계 A (35쪽)

① $\frac{1}{2}$　② $\frac{1}{3}$　③ $\frac{3}{4}$　④ $\frac{2}{3}$
⑤ $\frac{2}{7}$　⑥ $\frac{1}{3}$　⑦ $\frac{5}{6}$　⑧ $\frac{2}{3}$
⑨ $\frac{3}{7}$　⑩ $\frac{5}{8}$　⑪ $\frac{2}{5}$　⑫ $\frac{5}{11}$
⑬ $\frac{4}{5}$　⑭ $\frac{5}{6}$　⑮ $\frac{5}{8}$　⑯ $\frac{1}{5}$

05단계 B 36쪽

① 1　② 2　③ 1

④ $\frac{4}{5}$　⑤ $\frac{1}{3}$　⑥ $\frac{2}{3}$

⑦ $\frac{2}{5}$　⑧ $\frac{1}{4}$　⑨ $\frac{3}{5}$

⑩ $\frac{1}{3}$　⑪ $\frac{3}{4}$

05단계 도전! 땅 짚고 헤엄치는 문장제 37쪽

① 2, 4, 8　② $\frac{1}{5}, \frac{2}{5}, \frac{3}{5}, \frac{4}{5}$

③ $\frac{1}{10}, \frac{3}{10}, \frac{7}{10}, \frac{9}{10}$　④ 6

⑤ $\frac{4}{7}$

① $\frac{24}{64}$를 약분할 수 있는 수는 24와 64의 공약수입니다.
24의 약수: 1, 2, 3, 4, 6, 8, 12, 24
64의 약수: 1, 2, 4, 8, 16, 32, 64
➡ 24와 64의 공약수: 1, 2, 4, 8

② 기약분수는 분모와 분자의 공약수가 1뿐인 분수로 분모가 5인 진분수 중 기약분수는 $\frac{1}{5}, \frac{2}{5}, \frac{3}{5}, \frac{4}{5}$ 입니다.

④ 한 번만 약분하여 기약분수로 나타내려면 분모와 분자의 최대공약수인 6으로 약분해야 합니다.

$\frac{\overset{4}{\cancel{24}}}{\underset{9}{\cancel{54}}} = \frac{4}{9}$

⑤ 남학생의 수를 분수로 나타내면 $\frac{\overset{4}{\cancel{16}}}{\underset{7}{\cancel{28}}} = \frac{4}{7}$입니다.

06단계 A 39쪽

① 6, 9　② 5, 14　③ 3, 20

④ 7, 6　⑤ 15, 4　⑥ 30, 8

⑦ 6, 4　⑧ 15, 12　⑨ 21, 25

⑩ 30, 14　⑪ 27, 15　⑫ 6, 8

06단계 B 40쪽

① $\frac{3}{12}, \frac{10}{12}$　② $\frac{3}{24}, \frac{20}{24}$

③ $\frac{15}{20}, \frac{6}{20}$　④ $\frac{4}{30}, \frac{5}{30}$

⑤ $\frac{8}{36}, \frac{15}{36}$　⑥ $\frac{27}{30}, \frac{4}{30}$

⑦ $\frac{14}{105}, \frac{20}{105}$　⑧ $\frac{21}{56}, \frac{4}{56}$

⑨ $1\frac{9}{24}, 1\frac{14}{24}$　⑩ $2\frac{15}{21}, 1\frac{4}{21}$

⑪ $1\frac{5}{60}, 3\frac{8}{60}$

06단계 도전! 땅 짚고 헤엄치는 문장제 41쪽

① $1\frac{25}{45}, 1\frac{3}{45}$　② 60, 120　③ $1\frac{3}{8}$

④ $\frac{3}{4}$　⑤ 35, 30

① 가장 작은 공통분모는 두 분모의 최소공배수입니다.

$\left(1\frac{5}{9}, 1\frac{1}{15}\right) \Rightarrow \left(1\frac{25}{45}, 1\frac{3}{45}\right)$

② 공통분모가 될 수 있는 수는 10과 12의 공배수입니다.

$2\,\underline{)\ 10\quad 12}$
$\quad\ 5\quad\ 6$ ➡ 최소공배수: $2\times5\times6=60$

공배수는 최소공배수의 배수이므로 60, 120 …… 입니다.

③ $\left(1\frac{3}{8}, 1\frac{3}{5}\right) \Rightarrow \left(1\frac{15}{40}, 1\frac{24}{40}\right)$

④ $\left(\frac{3}{4}, \frac{4}{7}\right) \Rightarrow \left(\frac{21}{28}, \frac{16}{28}\right)$

⑤ 분모의 곱 $5\times7=35$를 공통분모로 하여 통분했습니다. ➡ ㉠=35

$\frac{6}{7}=\frac{㉡}{35}$에서 $6\times5=$㉡입니다. ➡ ㉡=30

07단계 종합 문제 42쪽

① 최대공약수: 2 최소공배수: 24
② 최대공약수: 3 최소공배수: 60
③ 최대공약수: 2 최소공배수: 60
④ 최대공약수: 10 최소공배수: 50
⑤ 최대공약수: 6 최소공배수: 90
⑥ 최대공약수: 14 최소공배수: 28
⑦ 최대공약수: 7 최소공배수: 210
⑧ 최대공약수: 9 최소공배수: 108
⑨ 최대공약수: 4 최소공배수: 260
⑩ 최대공약수: 12 최소공배수: 480

07단계 종합 문제 43쪽

① $\frac{5}{17}$ ② $\frac{7}{10}$ ③ $\frac{4}{7}$ ④ $\frac{1}{6}$
⑤ $\frac{1}{4}$ ⑥ $\frac{9}{40}$ ⑦ $\frac{1}{5}$ ⑧ $\frac{3}{4}$
⑨ $\frac{2}{7}$ ⑩ $\frac{5}{8}$ ⑪ $\frac{5}{9}$ ⑫ $\frac{6}{11}$

07단계 종합 문제 44쪽

① $\left(\frac{10}{15}, \frac{3}{15}\right)$ ② $\left(\frac{10}{12}, \frac{1}{12}\right)$
③ $\left(\frac{20}{24}, \frac{9}{24}\right)$ ④ $\left(\frac{8}{36}, \frac{15}{36}\right)$
⑤ $\left(\frac{10}{35}, \frac{7}{35}\right)$ ⑥ $\left(\frac{9}{12}, \frac{5}{12}\right)$
⑦ $\left(\frac{8}{30}, \frac{5}{30}\right)$ ⑧ $\left(\frac{35}{40}, \frac{28}{40}\right)$
⑨ $\left(1\frac{5}{60}, 1\frac{8}{60}\right)$ ⑩ $\left(2\frac{6}{20}, 2\frac{5}{20}\right)$
⑪ $\left(2\frac{10}{24}, 3\frac{3}{24}\right)$ ⑫ $\left(2\frac{7}{140}, 3\frac{10}{140}\right)$

07단계 종합 문제 45쪽

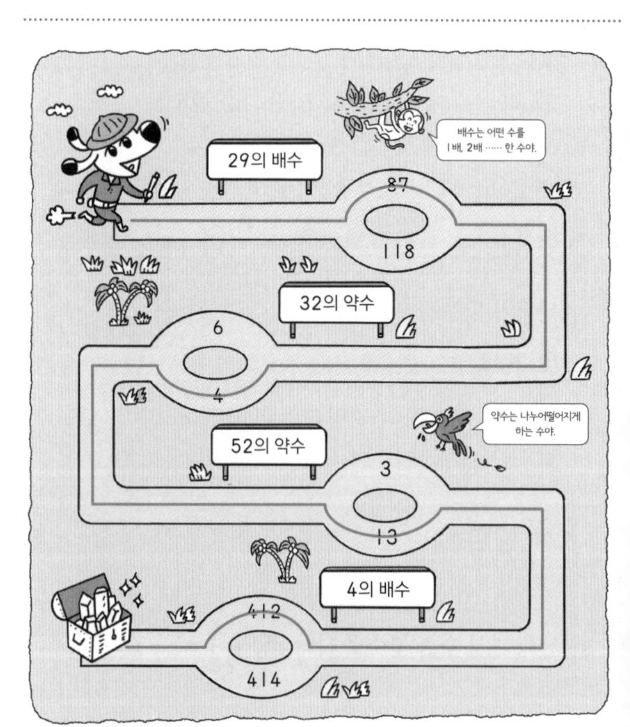

07단계 종합 문제 46쪽

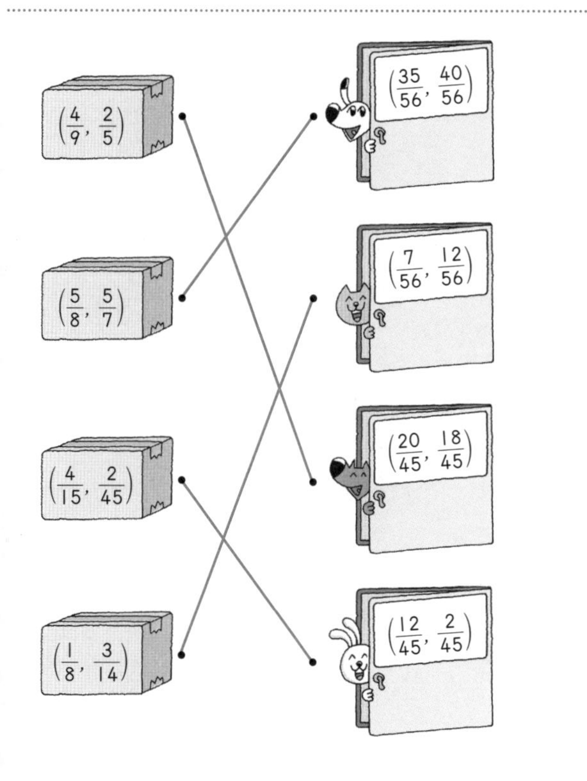

08단계 A 49쪽

① 1, 1, 2 ② 4 ③ 1, 3, 4, 2

④ 4, 1 ⑤ $\frac{6}{7}$ ⑥ $\frac{7}{9}$

⑦ $\frac{3}{5}$ ⑧ $\frac{4}{7}$ ⑨ $\frac{11}{17}$

⑩ $\frac{10}{11}$ ⑪ $\frac{4}{5}$ ⑫ $\frac{14}{15}$

⑬ $\frac{14}{19}$ ⑭ $\frac{7}{11}$ ⑮ $\frac{1}{2}$

⑯ $\frac{12}{13}$

08단계 B 50쪽

① 3, 4, 3, 4 ② 6, 4, 6, 4 ③ $4\frac{5}{7}$

④ $6\frac{5}{9}$ ⑤ $4\frac{7}{11}$ ⑥ $4\frac{8}{15}$

⑦ $5\frac{4}{5}$ ⑧ $5\frac{11}{13}$ ⑨ $3\frac{8}{17}$

⑩ $5\frac{3}{4}$ ⑪ 2, 2, 2, 2 ⑫ 3, 1

⑬ $1\frac{2}{3}$ ⑭ $3\frac{7}{9}$ ⑮ $5\frac{1}{13}$

⑯ $5\frac{7}{40}$

08단계 도전! 땅 짚고 헤엄치는 문장제 51쪽

① $\frac{3}{7}$ ② $\frac{4}{5}$m ③ $1\frac{5}{9}$시간

④ $2\frac{3}{5}$km ⑤ $\frac{3}{8}$

④ $1\frac{1}{5}+1\frac{2}{5}=2\frac{3}{5}$(km)

⑤ $\frac{1}{8}+\frac{2}{8}=\frac{3}{8}$

09단계 A 53쪽

① 3, 2, 5 ② $\frac{7}{12}$ ③ $\frac{11}{15}$

④ $\frac{11}{12}$ ⑤ $\frac{13}{21}$ ⑥ $\frac{23}{56}$

⑦ $\frac{31}{40}$ ⑧ $\frac{19}{24}$ ⑨ $\frac{19}{20}$

⑩ $\frac{13}{22}$ ⑪ $\frac{25}{28}$ ⑫ $\frac{31}{35}$

⑬ $\frac{29}{30}$ ⑭ $\frac{35}{36}$

09단계 B 54쪽

① 2, 1, 3 ② $\frac{5}{6}$ ③ $\frac{5}{8}$ ④ $\frac{3}{10}$

⑤ $\frac{12}{25}$ ⑥ $\frac{7}{12}$ ⑦ $\frac{7}{9}$ ⑧ $\frac{11}{16}$

⑨ $\frac{11}{20}$ ⑩ $\frac{11}{24}$ ⑪ $\frac{26}{33}$ ⑫ $\frac{3}{4}$

⑬ $\frac{13}{20}$ ⑭ $\frac{2}{5}$

09단계 C 55쪽

① $\frac{7}{18}$ ② $\frac{19}{20}$ ③ $\frac{11}{60}$ ④ $\frac{17}{24}$

⑤ $\frac{23}{30}$ ⑥ $\frac{23}{28}$ ⑦ $\frac{13}{15}$ ⑧ $\frac{23}{36}$

⑨ $\frac{21}{50}$ ⑩ $\frac{25}{36}$ ⑪ $\frac{27}{35}$ ⑫ $\frac{13}{60}$

⑬ $\frac{7}{30}$

09단계 도전! 땅 짚고 헤엄치는 문장제 56쪽

① $\frac{29}{35}$ ② $\frac{9}{16}$ m ③ $\frac{11}{12}$ L

④ $\frac{11}{15}$시간 ⑤ $\frac{7}{8}$

① $\frac{2}{5}+\frac{3}{7}=\frac{14}{35}+\frac{15}{35}=\frac{29}{35}$

② $\frac{1}{2}+\frac{1}{16}=\frac{8}{16}+\frac{1}{16}=\frac{9}{16}$(m)

③ $\frac{3}{4}+\frac{1}{6}=\frac{9}{12}+\frac{2}{12}=\frac{11}{12}$(L)

④ $\frac{1}{3}+\frac{2}{5}=\frac{5}{15}+\frac{6}{15}=\frac{11}{15}$(시간)

⑤ $\frac{3}{4}+\frac{1}{8}=\frac{6}{8}+\frac{1}{8}=\frac{7}{8}$

10단계 A 58쪽

① $2\frac{3}{4}$ ② $3\frac{11}{20}$ ③ $2\frac{4}{9}$

④ $4\frac{9}{22}$ ⑤ $3\frac{23}{60}$ ⑥ $8\frac{13}{42}$

⑦ $5\frac{47}{72}$ ⑧ $5\frac{5}{12}$ ⑨ $4\frac{7}{10}$

⑩ $2\frac{31}{75}$ ⑪ $5\frac{11}{12}$ ⑫ $6\frac{29}{40}$

⑬ $2\frac{27}{40}$ ⑭ $3\frac{13}{20}$

10단계 B 59쪽

① $2\frac{2}{9}$ ② $7\frac{13}{30}$ ③ $4\frac{5}{28}$

④ $6\frac{17}{36}$ ⑤ $2\frac{3}{10}$ ⑥ $6\frac{5}{42}$

⑦ $4\frac{7}{12}$ ⑧ $6\frac{11}{24}$ ⑨ $4\frac{3}{40}$

⑩ $7\frac{8}{21}$ ⑪ $5\frac{2}{15}$ ⑫ $5\frac{7}{20}$

⑬ $4\frac{9}{56}$

10단계 C 60쪽

① $4\frac{5}{9}$ ② $2\frac{7}{22}$ ③ $4\frac{4}{5}$

④ $3\frac{25}{28}$ ⑤ $5\frac{11}{12}$ ⑥ $4\frac{17}{18}$

⑦ $5\frac{23}{28}$ ⑧ $3\frac{27}{40}$ ⑨ $3\frac{16}{35}$

⑩ $5\frac{17}{24}$ ⑪ $3\frac{11}{20}$ ⑫ $2\frac{31}{36}$

⑬ $5\frac{41}{60}$ ⑭ $6\frac{7}{27}$

10단계 D 61쪽

① $4\frac{7}{15}$ ② $3\frac{11}{24}$ ③ $4\frac{11}{20}$

④ $6\frac{1}{3}$ ⑤ $5\frac{13}{20}$ ⑥ $4\frac{7}{12}$

⑦ $3\frac{13}{18}$ ⑧ $3\frac{1}{20}$ ⑨ $4\frac{1}{3}$

⑩ $2\frac{8}{21}$ ⑪ $4\frac{7}{36}$

10단계 도전! 땅 짚고 헤엄치는 문장제 62쪽

① $3\frac{31}{40}$ ② $3\frac{1}{18}$ ③ $3\frac{2}{3}$ m

④ $3\frac{13}{60}$ kg

① $1\frac{2}{5}+2\frac{3}{8}=1\frac{16}{40}+2\frac{15}{40}=3\frac{31}{40}$

② 분수를 통분하면 $1\frac{5}{18}$, $1\frac{16}{18}$, $1\frac{3}{18}$이므로

가장 큰 분수는 $1\frac{16}{18}$이고, 가장 작은 분수는

$1\frac{3}{18}$입니다.

➡ $1\frac{8}{9}+1\frac{1}{6}=1\frac{16}{18}+1\frac{3}{18}=2\frac{19}{18}=3\frac{1}{18}$

③ $3\frac{1}{6}+\frac{1}{2}=3\frac{1}{6}+\frac{3}{6}=3\frac{4}{6}=3\frac{2}{3}$(m)

④ $1\frac{11}{12}+1\frac{3}{10}=1\frac{55}{60}+1\frac{18}{60}$

$=2\frac{73}{60}=3\frac{13}{60}$(kg)

11단계 종합 문제 63쪽

① $\frac{12}{13}$ ② $\frac{7}{11}$ ③ $\frac{1}{3}$

④ $\frac{14}{25}$ ⑤ $\frac{24}{25}$ ⑥ $\frac{8}{9}$

⑦ $\frac{3}{4}$ ⑧ $\frac{25}{28}$ ⑨ $\frac{5}{9}$

⑩ $\frac{5}{12}$ ⑪ $\frac{7}{10}$ ⑫ $\frac{23}{42}$

⑬ $\frac{29}{30}$ ⑭ $\frac{31}{36}$

11단계 종합 문제 64쪽

① $1\frac{3}{40}$ ② $1\frac{2}{15}$ ③ $1\frac{1}{2}$

④ $1\frac{9}{20}$ ⑤ $1\frac{23}{35}$ ⑥ $1\frac{3}{8}$

⑦ $1\frac{11}{24}$ ⑧ $1\frac{16}{33}$ ⑨ $1\frac{7}{10}$

⑩ $1\frac{2}{21}$ ⑪ $1\frac{8}{15}$ ⑫ $1\frac{7}{22}$

⑬ $1\frac{7}{18}$ ⑭ $1\frac{1}{9}$

11단계 종합 문제 65쪽

① $2\frac{5}{6}$ ② $2\frac{7}{8}$ ③ $3\frac{3}{10}$

④ $3\frac{2}{3}$ ⑤ $5\frac{59}{63}$ ⑥ $3\frac{19}{24}$

⑦ $1\frac{13}{30}$ ⑧ $2\frac{19}{24}$ ⑨ $3\frac{1}{14}$

⑩ $3\frac{3}{4}$ ⑪ $3\frac{2}{15}$ ⑫ $5\frac{5}{8}$

⑬ $3\frac{1}{3}$ ⑭ $5\frac{1}{3}$

11단계 종합 문제 66쪽

11단계 종합 문제 67쪽

12단계 A 71쪽

① 4, 2, 2 ② $\frac{2}{7}$ ③ 5, 3, 2, 1

④ $\frac{3}{11}$ ⑤ $\frac{3}{7}$ ⑥ $\frac{1}{5}$

⑦ $\frac{5}{9}$ ⑧ $\frac{1}{3}$ ⑨ $\frac{5}{6}$

⑩ $\frac{8}{13}$ ⑪ $\frac{3}{17}$ ⑫ $\frac{4}{7}$

⑬ $\frac{4}{7}$ ⑭ $\frac{2}{15}$ ⑮ $\frac{5}{11}$

⑯ $\frac{5}{13}$

12단계 B 72쪽

① 1, 3, 1, 3 ② $1\frac{3}{5}$ ③ $1\frac{1}{9}$

④ $4\frac{1}{2}$ ⑤ 7 ⑥ $\frac{1}{13}$

⑦ $1\frac{4}{15}$ ⑧ $2\frac{2}{3}$ ⑨ 3, 2, 3, 2

⑩ 4, 3, 4, 3 ⑪ $3\frac{1}{9}$ ⑫ $5\frac{6}{13}$

⑬ $2\frac{5}{8}$ ⑭ $4\frac{10}{21}$

12단계 도전! 땅 짚고 헤엄치는 문장제 73쪽

① $\frac{1}{5}$ ② $\frac{4}{9}$ m ③ $2\frac{1}{3}$ L

④ $3\frac{4}{5}$ kg ⑤ $\frac{2}{7}$ kg

④ $30\frac{4}{5}-27=3\frac{4}{5}$(kg)

⑤ $4\frac{3}{7}-4\frac{1}{7}=\frac{2}{7}$(kg)

13단계 A 75쪽

① 8, 3, 5 ② $\frac{7}{15}$ ③ $\frac{16}{45}$

④ $\frac{3}{14}$ ⑤ $\frac{5}{21}$ ⑥ $\frac{7}{20}$

⑦ $\frac{5}{28}$ ⑧ $\frac{1}{24}$ ⑨ $\frac{18}{35}$

⑩ $\frac{4}{15}$ ⑪ $\frac{1}{56}$ ⑫ $\frac{3}{22}$

⑬ $\frac{23}{36}$ ⑭ $\frac{11}{40}$

13단계 B 76쪽

① $\frac{1}{4}$ ② $\frac{1}{18}$ ③ $\frac{1}{8}$

④ $\frac{1}{15}$ ⑤ $\frac{1}{2}$ ⑥ $\frac{1}{12}$

⑦ $\frac{1}{8}$ ⑧ $\frac{2}{5}$ ⑨ $\frac{3}{10}$

⑩ $\frac{2}{15}$ ⑪ $\frac{1}{12}$ ⑫ $\frac{1}{9}$

⑬ $\frac{1}{5}$

13단계 C 77쪽

① $\frac{1}{12}$ ② $\frac{1}{18}$ ③ $\frac{19}{28}$

④ $\frac{8}{63}$ ⑤ $\frac{3}{20}$ ⑥ $\frac{11}{15}$

⑦ $\frac{5}{24}$ ⑧ $\frac{1}{24}$ ⑨ $\frac{5}{36}$

⑩ $\frac{22}{45}$ ⑪ $\frac{7}{60}$ ⑫ $\frac{3}{160}$

⑬ $\frac{17}{120}$

13단계 도전! 땅 짚고 헤엄치는 문장제 78쪽

① $\frac{1}{18}$ ② $\frac{7}{15}$L

③ $\frac{1}{8}$ ④ 학원, $\frac{3}{20}$km

① $\frac{8}{9}-\frac{5}{6}=\frac{16}{18}-\frac{15}{18}=\frac{1}{18}$

② $\frac{4}{5}-\frac{1}{3}=\frac{12}{15}-\frac{5}{15}=\frac{7}{15}$(L)

③ $\frac{3}{8}-\frac{1}{4}=\frac{3}{8}-\frac{2}{8}=\frac{1}{8}$

④ 집에서 학교까지의 거리는 $\frac{9}{10}=\frac{18}{20}$(km)이고, 학원까지의 거리는 $\frac{3}{4}=\frac{15}{20}$(km)이므로 학원이 $\frac{9}{10}-\frac{3}{4}=\frac{18}{20}-\frac{15}{20}=\frac{3}{20}$(km)만큼 더 가깝습니다.

14단계 A 80쪽

① 2, 4, 1, 3, 1, 1 ② $1\frac{1}{12}$

③ $1\frac{2}{15}$ ④ $2\frac{4}{21}$ ⑤ $4\frac{11}{20}$

⑥ $2\frac{5}{14}$ ⑦ $1\frac{1}{4}$ ⑧ $5\frac{2}{9}$

⑨ $2\frac{1}{3}$ ⑩ $4\frac{3}{8}$ ⑪ $2\frac{3}{20}$

⑫ $1\frac{1}{3}$ ⑬ $1\frac{1}{6}$

14단계 B 81쪽

① $2\frac{7}{12}$ ② $1\frac{13}{18}$ ③ $2\frac{3}{28}$

④ $5\frac{1}{24}$ ⑤ $1\frac{1}{20}$ ⑥ $3\frac{7}{20}$

⑦ $2\frac{1}{24}$ ⑧ $6\frac{2}{15}$ ⑨ $4\frac{7}{40}$

⑩ $2\frac{15}{112}$ ⑪ $1\frac{7}{36}$ ⑫ $5\frac{31}{60}$

⑬ $3\frac{11}{60}$ ⑭ $1\frac{2}{21}$

14단계 C 82쪽

① $3\frac{5}{12}$ ② $7\frac{1}{60}$ ③ $2\frac{4}{21}$

④ $\frac{19}{40}$ ⑤ $\frac{1}{18}$ ⑥ $\frac{11}{24}$

⑦ $\frac{9}{26}$ ⑧ $8\frac{1}{50}$ ⑨ $4\frac{11}{24}$

⑩ $4\frac{7}{36}$ ⑪ $3\frac{1}{4}$ ⑫ $4\frac{11}{32}$

⑬ $3\frac{13}{40}$ ⑭ $1\frac{7}{18}$

14단계 도전! 땅 짚고 헤엄치는 문장제 83쪽

① $7\frac{5}{36}$L ② $2\frac{7}{12}$cm ③ $3\frac{1}{15}$km

④ $1\frac{7}{18}$

① $10\frac{8}{9}-3\frac{3}{4}=10\frac{32}{36}-3\frac{27}{36}=7\frac{5}{36}$(L)

② $5\frac{3}{4}-3\frac{1}{6}=5\frac{9}{12}-3\frac{2}{12}=2\frac{7}{12}$(cm)

③ $4\frac{7}{15}-1\frac{2}{5}=4\frac{7}{15}-1\frac{6}{15}=3\frac{1}{15}$(km)

④ 가장 큰 분수는 자연수 부분이 가장 큰 $4\frac{5}{6}$이고,
나머지 분수를 통분하면 $3\frac{9}{18}$, $3\frac{11}{18}$, $3\frac{8}{18}$이므로
가장 작은 분수는 $3\frac{8}{18}$입니다.
따라서 두 분수의 차는
$4\frac{5}{6}-3\frac{4}{9}=4\frac{15}{18}-3\frac{8}{18}=1\frac{7}{18}$입니다.

15단계 A 85쪽

① $2\frac{3}{4}$ ② $2\frac{8}{15}$ ③ $1\frac{7}{12}$

④ $3\frac{9}{20}$ ⑤ $3\frac{11}{15}$ ⑥ $2\frac{1}{2}$

⑦ $1\frac{5}{12}$ ⑧ $3\frac{14}{15}$ ⑨ $2\frac{11}{12}$

⑩ $3\frac{7}{24}$ ⑪ $5\frac{7}{20}$ ⑫ $2\frac{7}{18}$

⑬ $1\frac{17}{20}$ ⑭ $2\frac{5}{14}$

15단계 B 86쪽

① 4, 3, 1　② $1\frac{10}{21}$　③ $5\frac{9}{26}$

④ $6\frac{4}{9}$　⑤ $4\frac{5}{12}$　⑥ $7\frac{1}{8}$

⑦ $2\frac{3}{5}$　⑧ $1\frac{2}{7}$　⑨ $1\frac{8}{15}$

⑩ $4\frac{6}{19}$　⑪ $2\frac{1}{6}$　⑫ $1\frac{9}{20}$

⑬ $\frac{1}{2}$　⑭ $\frac{3}{4}$

15단계 C 87 쪽

① $2\frac{7}{8}$　② $\frac{3}{4}$　③ $\frac{7}{18}$

④ $3\frac{11}{12}$　⑤ $3\frac{15}{16}$　⑥ $3\frac{11}{24}$

⑦ $\frac{17}{30}$　⑧ $1\frac{33}{35}$　⑨ $4\frac{1}{4}$

⑩ $1\frac{17}{30}$　⑪ $3\frac{9}{16}$　⑫ $\frac{2}{3}$

⑬ $3\frac{3}{4}$　⑭ $3\frac{1}{12}$

15단계 도전! 땅 짚고 헤엄치는 문장제 88쪽

① $1\frac{5}{8}$　② $1\frac{1}{2}$　③ $1\frac{17}{20}$ cm

④ $\frac{11}{18}$ m　⑤ $129\frac{5}{6}$ L

① 자연수 부분이 $3\frac{1}{8}$이 더 크므로

$3\frac{1}{8}-1\frac{1}{2}=3\frac{1}{8}-1\frac{4}{8}=2\frac{9}{8}-1\frac{4}{8}=1\frac{5}{8}$입니다.

② 분수를 통분하면 $3\frac{2}{3}=3\frac{4}{6}$, $3\frac{1}{2}=3\frac{3}{6}$이므로

가장 큰 수는 5이고, 가장 작은 수는 $3\frac{1}{2}$입니다.

따라서 두 분수의 차는

$5-3\frac{1}{2}=4\frac{2}{2}-3\frac{1}{2}=1\frac{1}{2}$입니다.

③ $4\frac{3}{5}-2\frac{3}{4}=4\frac{12}{20}-2\frac{15}{20}$

$=3\frac{32}{20}-2\frac{15}{20}$

$=1\frac{17}{20}$(cm)

④ $2\frac{4}{9}-1\frac{5}{6}=2\frac{8}{18}-1\frac{15}{18}$

$=1\frac{26}{18}-1\frac{15}{18}=\frac{11}{18}$(m)

⑤ $200\frac{1}{6}-70\frac{1}{3}=200\frac{1}{6}-70\frac{2}{6}$

$=199\frac{7}{6}-70\frac{2}{6}$

$=129\frac{5}{6}$(L)

16

16단계 종합 문제 89쪽

① $\frac{2}{5}$　② $\frac{4}{9}$　③ $\frac{1}{5}$

④ $\frac{1}{3}$　⑤ $\frac{11}{21}$　⑥ $\frac{7}{31}$

⑦ $\frac{1}{3}$　⑧ $\frac{1}{6}$　⑨ $\frac{1}{16}$

⑩ $\frac{23}{42}$ ⑪ $\frac{22}{45}$ ⑫ $\frac{4}{21}$

⑬ $\frac{1}{6}$ ⑭ $\frac{19}{60}$

16단계 종합 문제 90쪽

① $\frac{9}{40}$ ② $\frac{1}{9}$ ③ $\frac{7}{12}$

④ $\frac{7}{18}$ ⑤ $\frac{3}{10}$ ⑥ $\frac{11}{24}$

⑦ $\frac{23}{60}$ ⑧ $\frac{29}{45}$ ⑨ $2\frac{5}{72}$

⑩ $2\frac{17}{60}$ ⑪ $1\frac{1}{6}$ ⑫ $2\frac{1}{14}$

⑬ $2\frac{23}{30}$ ⑭ $2\frac{11}{20}$

16단계 종합 문제 91쪽

① $1\frac{1}{8}$ ② $4\frac{1}{3}$ ③ $2\frac{5}{6}$

④ $1\frac{8}{15}$ ⑤ $\frac{7}{12}$ ⑥ $\frac{3}{4}$

⑦ $1\frac{7}{18}$ ⑧ $1\frac{13}{15}$ ⑨ $2\frac{7}{8}$

⑩ $1\frac{5}{6}$ ⑪ $\frac{19}{40}$ ⑫ $1\frac{8}{21}$

⑬ $1\frac{43}{50}$ ⑭ $2\frac{11}{15}$

16단계 종합 문제 92쪽

$5\frac{5}{6}$ L, $2\frac{1}{2}$ L — $3\frac{1}{3}$ L

7 L, $3\frac{2}{5}$ L — $3\frac{3}{5}$ L

$4\frac{3}{4}$ L, $1\frac{5}{11}$ L — $3\frac{13}{44}$ L

$3\frac{7}{9}$ L, $\frac{1}{3}$ L — $\frac{4}{9}$ L

16단계 종합 문제 93쪽

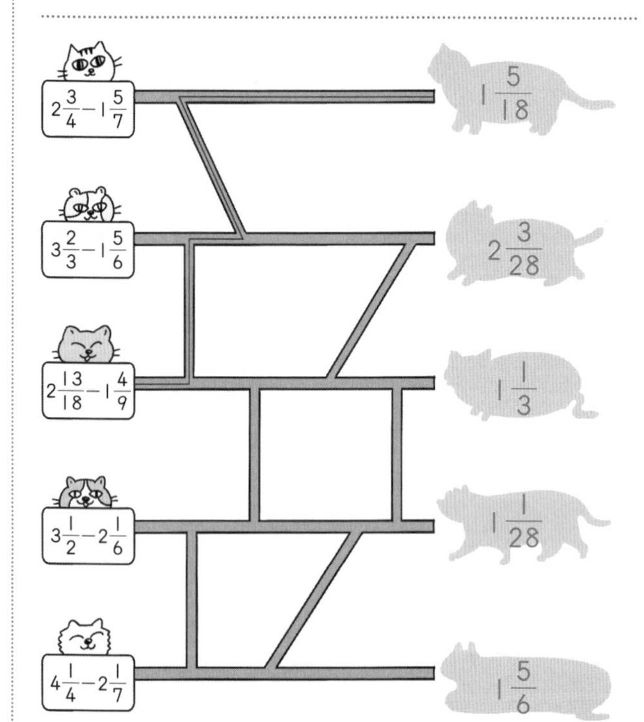

17단계 A 97쪽

① $\frac{1}{6}$ ② $\frac{1}{20}$ ③ 4, 8

④ $\frac{1}{10}$ ⑤ $\frac{1}{30}$ ⑥ $\frac{1}{12}$

⑦ $\frac{1}{6}$ ⑧ $\frac{1}{16}$ ⑨ $\frac{1}{21}$

⑩ $\frac{1}{35}$ ⑪ 3, 2, $\frac{3}{8}$ ⑫ $\frac{5}{24}$

⑬ $\frac{8}{15}$ ⑭ $\frac{3}{56}$

17단계 B 98쪽

① $\frac{3}{10}$ ② $\frac{5}{42}$ ③ $\frac{5}{12}$

④ $\frac{10}{21}$ ⑤ $\frac{9}{25}$ ⑥ $\frac{4}{35}$

⑦ $\frac{10}{63}$ ⑧ 1, 1, $\frac{1}{3}$ ⑨ $\frac{5}{8}$

⑩ $\frac{3}{28}$ ⑪ $\frac{5}{18}$ ⑫ $\frac{1}{36}$

⑬ $\frac{5}{21}$

17단계 C 99쪽

① $\frac{1}{6}$ ② $\frac{1}{2}$ ③ $\frac{1}{8}$

④ $\frac{1}{6}$ ⑤ $\frac{1}{4}$ ⑥ $\frac{1}{8}$

⑦ $\frac{1}{3}$ ⑧ $\frac{1}{12}$ ⑨ $\frac{3}{7}$

⑩ $\frac{2}{5}$ ⑪ $\frac{3}{20}$ ⑫ $\frac{3}{8}$

⑬ $\frac{3}{16}$

17단계 도전! 땅 짚고 헤엄치는 문장제 100쪽

① $\frac{3}{28}$ ② $\frac{1}{6}\text{m}^2$ ③ $\frac{2}{7}\text{L}$

④ $\frac{10}{21}\text{m}$

① $\frac{3}{7}\times\frac{1}{4}=\frac{3}{28}$

② $\frac{1}{2}\times\frac{1}{3}=\frac{1}{6}(\text{m}^2)$

③ $\frac{\cancel{5}^{1}}{7}\times\frac{2}{\cancel{5}_{1}}=\frac{2}{7}(\text{L})$

④ $\frac{2}{3}\times\frac{5}{7}=\frac{10}{21}(\text{m})$

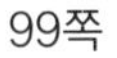

18단계 A 102쪽

① $1\frac{2}{3}$ ② $2\frac{1}{4}$ ③ $1\frac{5}{7}$

④ $6\frac{3}{4}$ ⑤ $2\frac{2}{5}$ ⑥ $1\frac{5}{9}$

⑦ $4\frac{7}{12}$ ⑧ $1\frac{1}{8}$ ⑨ $1\frac{1}{13}$

⑩ $5\frac{1}{4}$ ⑪ $10\frac{1}{9}$ ⑫ $1\frac{13}{15}$

⑬ $4\frac{2}{7}$ ⑭ $2\frac{4}{13}$

18단계 B　　103쪽

① 3, 2, $\frac{2}{3}$　② 4, 1, $\frac{3}{4}$　③ $\frac{1}{4}$

④ $\frac{2}{3}$　⑤ $\frac{4}{5}$　⑥ 2, 1, 2, 2

⑦ 6　⑧ 12　⑨ $3\frac{3}{4}$

⑩ $1\frac{1}{2}$　⑪ $1\frac{1}{5}$　⑫ $1\frac{2}{3}$

⑬ $7\frac{1}{2}$

18단계 도전! 땅 짚고 헤엄치는 문장제　　104쪽

① $1\frac{1}{4}$m　② $1\frac{5}{7}$m　③ $1\frac{2}{3}$L

④ 45km　⑤ 21명

① $\frac{5}{\cancel{12}_{4}}\times\cancel{3}^{1}=\frac{5}{4}=1\frac{1}{4}$(m)

② $\frac{3}{7}\times4=\frac{3\times4}{7}=\frac{12}{7}=1\frac{5}{7}$(m)

③ $\frac{5}{\cancel{9}_{3}}\times\cancel{3}^{1}=\frac{5}{3}=1\frac{2}{3}$(L)

④ $\cancel{450}^{45}\times\frac{1}{\cancel{10}_{1}}=45$(km)

⑤ $\cancel{35}^{7}\times\frac{3}{\cancel{5}_{1}}=21$(명)

19단계 A　　106쪽

① 6, 1, $\frac{6}{35}$　② $\frac{5}{36}$　③ $\frac{4}{9}$

④ $\frac{3}{4}$　⑤ $\frac{2}{9}$　⑥ $\frac{1}{2}$

⑦ $\frac{23}{56}$　⑧ $\frac{4}{7}$　⑨ $\frac{5}{6}$

⑩ $\frac{13}{16}$　⑪ $\frac{5}{6}$　⑫ $\frac{17}{56}$

⑬ $\frac{1}{4}$　⑭ 1

19단계 B　　107쪽

① $4\frac{4}{5}$　② $1\frac{2}{13}$　③ $10\frac{2}{7}$

④ $22\frac{1}{2}$　⑤ $3\frac{1}{9}$　⑥ $7\frac{8}{13}$

⑦ $7\frac{7}{10}$　⑧ $2\frac{4}{15}$　⑨ $7\frac{1}{5}$

⑩ $22\frac{3}{4}$　⑪ $14\frac{4}{9}$　⑫ $21\frac{1}{3}$

⑬ $8\frac{3}{4}$　⑭ $3\frac{3}{11}$

19단계 C　　108쪽

① $9\frac{1}{3}$　② $3\frac{1}{2}$　③ $2\frac{1}{7}$

④ $1\frac{1}{2}$　⑤ $\frac{5}{8}$　⑥ 3

⑦ $1\frac{2}{3}$　⑧ $3\frac{1}{2}$　⑨ $1\frac{1}{9}$

⑩ $3\frac{1}{3}$　⑪ 2　⑫ $1\frac{1}{8}$

⑬ 15　⑭ $5\frac{3}{5}$

19단계 D　　109쪽

① $1\frac{1}{3}$　② $1\frac{1}{4}$　③ $5\frac{1}{4}$

④ 4　⑤ $2\frac{1}{2}$　⑥ $8\frac{1}{2}$

⑦ 14　⑧ 35　⑨ $16\frac{1}{2}$

⑩ $13\frac{1}{2}$　⑪ 8　⑫ $10\frac{1}{2}$

⑬ $24\frac{2}{3}$

19단계 도전! 땅 짚고 헤엄치는 문장제 110쪽

① $\frac{3}{5}$　② $24\frac{1}{2}$kg　③ $3\frac{4}{7}\text{m}^2$

④ 13cm　⑤ $2\frac{1}{5}$L

① $1\frac{4}{5}\times\frac{1}{3}=\frac{\cancel{9}^{3}}{5}\times\frac{1}{\cancel{3}_{1}}=\frac{3}{5}$

② $21\times1\frac{1}{6}=\cancel{21}^{7}\times\frac{7}{\cancel{6}_{2}}=\frac{49}{2}=24\frac{1}{2}$(kg)

③ $1\frac{1}{4}\times2\frac{6}{7}=\frac{5}{\cancel{4}_{1}}\times\frac{\cancel{20}^{5}}{7}=\frac{25}{7}=3\frac{4}{7}(\text{m}^2)$

④ $3\frac{1}{4}\times4=\frac{13}{\cancel{4}_{1}}\times\cancel{4}^{1}=13$(cm)

⑤ $5\frac{1}{2}\times\frac{2}{5}=\frac{11}{\cancel{2}_{1}}\times\frac{\cancel{2}^{1}}{5}=\frac{11}{5}=2\frac{1}{5}$(L)

20단계 A 112쪽

① 1, 1, 5, 5　② $\frac{1}{24}$　③ $\frac{5}{24}$

④ $\frac{7}{30}$　⑤ $\frac{5}{12}$　⑥ $\frac{4}{45}$

⑦ $\frac{5}{36}$　⑧ $\frac{7}{66}$

20단계 B 113쪽

① $\frac{2}{11}$　② $\frac{9}{40}$　③ $\frac{2}{15}$

④ $\frac{1}{4}$　⑤ $\frac{5}{8}$　⑥ $\frac{33}{50}$

⑦ $3\frac{1}{5}$　⑧ $1\frac{1}{3}$

20단계 C 114쪽

① $1\frac{1}{24}$　② $1\frac{1}{2}$　③ 8

④ 2　⑤ 2　⑥ 20

⑦ 24　⑧ 22

20단계 도전! 땅 짚고 헤엄치는 문장제 115쪽

① $\frac{1}{24}$　② 5개　③ $\frac{2}{9}$

① 첫째 형이 먹은 피자: $\frac{1}{2}$

둘째 형이 먹은 피자: $\frac{1}{2}\times\frac{1}{3}$

막내가 먹은 피자: $\frac{1}{2}\times\frac{1}{3}\times\frac{1}{4}=\frac{1}{24}$

② 혜수가 가지고 있는 구슬 수: $15\times\frac{2}{3}$(개)

준호가 가지고 있는 구슬 수: $15\times\frac{2}{3}\times\frac{1}{2}=5$(개)

③ 남학생 중 축구를 좋아하는 학생: $\frac{5}{9}\times\frac{2}{3}$

축구를 좋아하는 학생 중 수영을 좋아하는 학생:

$\frac{\cancel{5}^{1}}{9}\times\frac{2}{\cancel{3}_{1}}\times\frac{\cancel{3}^{1}}{\cancel{5}_{1}}=\frac{2}{9}$

21

21단계 종합 문제 116쪽

① $\frac{1}{20}$ ② $\frac{1}{21}$ ③ $\frac{3}{8}$

④ $\frac{4}{45}$ ⑤ $\frac{4}{21}$ ⑥ $\frac{5}{18}$

⑦ $1\frac{1}{5}$ ⑧ $1\frac{7}{8}$ ⑨ $\frac{8}{9}$

⑩ $1\frac{16}{19}$ ⑪ $6\frac{2}{3}$ ⑫ $10\frac{5}{6}$

⑬ $2\frac{2}{11}$ ⑭ $6\frac{2}{5}$

21단계 종합 문제 117쪽

① $\frac{1}{12}$ ② $\frac{10}{27}$ ③ $\frac{3}{70}$

④ $\frac{1}{3}$ ⑤ $\frac{2}{3}$ ⑥ $6\frac{1}{4}$

⑦ 10 ⑧ $12\frac{1}{3}$ ⑨ $1\frac{7}{12}$

⑩ $2\frac{1}{15}$ ⑪ $2\frac{21}{32}$ ⑫ $1\frac{25}{32}$

⑬ $\frac{13}{20}$ ⑭ $3\frac{9}{28}$

21단계 종합 문제 118쪽

① $2\frac{1}{10}$ ② 2 ③ 6

④ $5\frac{1}{3}$ ⑤ $10\frac{1}{2}$ ⑥ $3\frac{1}{2}$

⑦ $\frac{1}{10}$ ⑧ $\frac{1}{15}$ ⑨ $\frac{1}{10}$

⑩ $\frac{1}{17}$ ⑪ $2\frac{6}{7}$ ⑫ $14\frac{2}{5}$

⑬ $4\frac{5}{6}$ ⑭ $28\frac{1}{3}$

21단계 종합 문제 119쪽

①

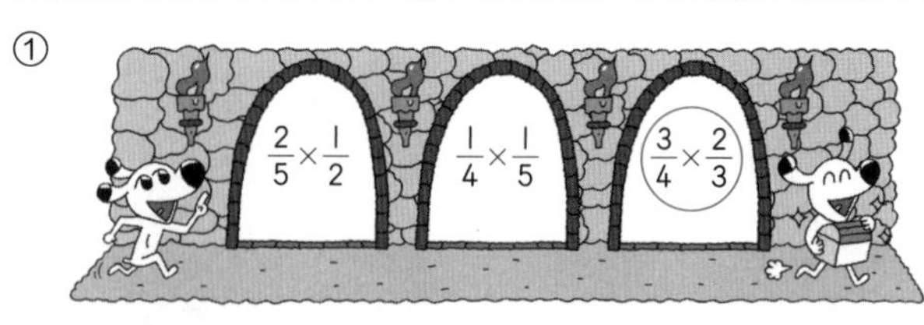

②

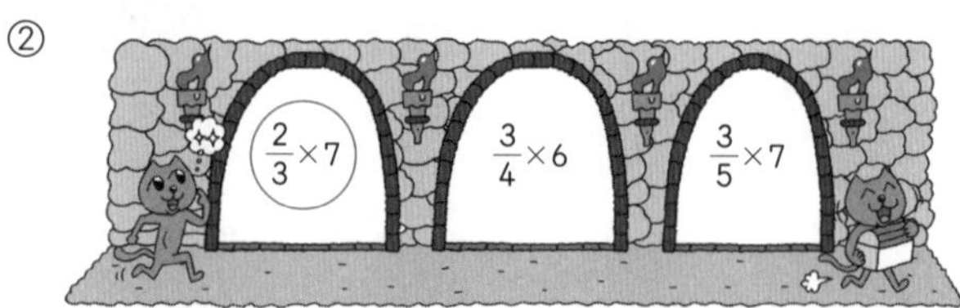

③

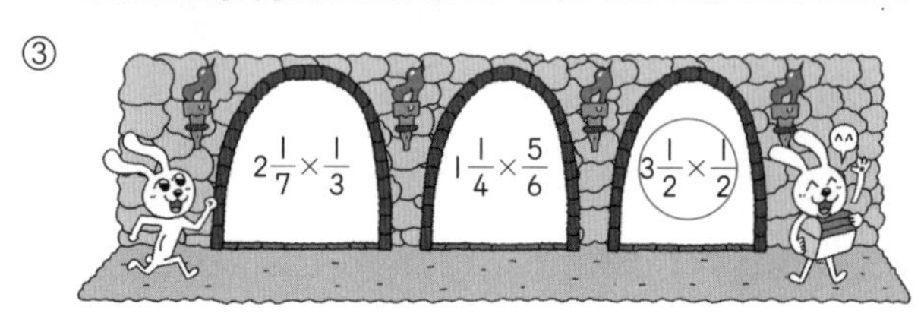

21단계 종합 문제 120쪽

22단계 A

123쪽

① 3 ② 7 ③ $1\times\frac{1}{8}$

④ $1\times\frac{1}{12}$ ⑤ $1\times\frac{1}{6}$ ⑥ $1\times\frac{1}{10}$

⑦ $2\times\frac{1}{3}$ ⑧ $3\times\frac{1}{5}$ ⑨ $4\times\frac{1}{7}$

⑩ $3\times\frac{1}{4}$ ⑪ $5\times\frac{1}{9}$ ⑫ $6\times\frac{1}{11}$

⑬ $3\times\frac{1}{8}$ ⑭ $5\times\frac{1}{13}$ ⑮ $2\times\frac{1}{7}$

⑯ $6\times\frac{1}{7}$

22단계 B

124쪽

① $\frac{3}{5}$ ② $\frac{15}{17}$ ③ $\frac{1}{2}$

④ $\frac{1}{3}$ ⑤ $\frac{2}{5}$ ⑥ $\frac{3}{4}$

⑦ $\frac{17}{30}$ ⑧ $\frac{20}{63}$ ⑨ $\frac{8}{25}$

⑩ $4\frac{4}{9}$ ⑪ $1\frac{5}{6}$ ⑫ $1\frac{1}{11}$

⑬ $1\frac{1}{3}$ ⑭ $1\frac{5}{8}$

22단계 C

125쪽

① 2, 6 ② $\frac{1}{12}$ ③ $\frac{1}{28}$

④ $\frac{1}{10}$ ⑤ $\frac{3}{28}$ ⑥ $\frac{4}{45}$

⑦ $\frac{1}{7}$ ⑧ $\frac{1}{12}$ ⑨ $\frac{1}{24}$

⑩ $\frac{4}{45}$ ⑪ $\frac{2}{15}$ ⑫ $\frac{1}{20}$

⑬ $\frac{2}{39}$ ⑭ $\frac{2}{7}$

22단계 도전! 땅 짚고 헤엄치는 문장제

126쪽

① $\frac{2}{5}$ m ② $\frac{3}{4}$ cm ③ $2\frac{2}{3}$ m

④ $1\frac{1}{4}$ cm

① $2\div5=\frac{2}{5}$(m)

② $6\div8=\frac{6}{8}=\frac{3}{4}$(cm)

③ $8\div3=\frac{8}{3}=2\frac{2}{3}$(m)

④ $5\div4=\frac{5}{4}=1\frac{1}{4}$(cm)

23단계 A

128쪽

① 2, 3, $\frac{3}{2}$, $1\frac{1}{2}$ ② $1\frac{1}{3}$ ③ $1\frac{5}{7}$

④ 4 ⑤ $1\frac{1}{2}$ ⑥ $\frac{4}{5}$

⑦ $\frac{5}{8}$ ⑧ $\frac{1}{2}$ ⑨ 6, 3, 2

⑩ 2 ⑪ 4 ⑫ $1\frac{2}{5}$

⑬ $3\frac{1}{3}$

23단계 B

129쪽

① $\frac{3}{2}$, 3 ② 20 ③ 16

④ 35 ⑤ $4\frac{4}{5}$ ⑥ $8\frac{5}{9}$

⑦ 4 ⑧ 21 ⑨ $7\frac{1}{2}$

⑩ $1\frac{2}{3}$ ⑪ 36 ⑫ $5\frac{1}{2}$

⑬ $13\frac{1}{2}$ ⑭ $22\frac{1}{2}$

23단계 C 130쪽

① $\frac{18}{35}$ ② $\frac{5}{14}$ ③ $1\frac{1}{2}$

④ $1\frac{1}{7}$ ⑤ $1\frac{1}{27}$ ⑥ $\frac{23}{54}$

⑦ 2 ⑧ $1\frac{1}{3}$ ⑨ $8\frac{2}{5}$

⑩ $\frac{1}{16}$ ⑪ $18\frac{3}{4}$ ⑫ 13

⑬ 5

23단계 도전! 땅 짚고 헤엄치는 문장제 131쪽

① 25도막 ② 3일 ③ 2개

④ 18개

① $5\div\frac{1}{5}=5\times\frac{5}{1}=25$(도막)

② $\frac{6}{7}\div\frac{2}{7}=6\div2=3$(일)

③ $\frac{3}{4}\div\frac{3}{8}=\frac{\cancel{3}^{1}}{\cancel{4}_{1}}\times\frac{\cancel{8}^{2}}{\cancel{3}_{1}}=2$(개)

④ $12\div\frac{2}{3}=\cancel{12}^{6}\times\frac{3}{\cancel{2}_{1}}=18$(개)

24단계 A 133쪽

① $7, \frac{6}{7}, \frac{4}{7}$ ② $\frac{8}{13}$ ③ $3\frac{1}{3}$

④ 15 ⑤ $\frac{2}{7}$ ⑥ $6\frac{2}{3}$

⑦ $1\frac{3}{5}$ ⑧ $2\frac{3}{5}$ ⑨ 2

⑩ 2 ⑪ $\frac{5}{7}$ ⑫ $\frac{1}{2}$

⑬ $\frac{4}{5}$ ⑭ $\frac{11}{14}$

24단계 B 134쪽

① $1\frac{1}{3}$ ② $1\frac{2}{3}$ ③ $1\frac{5}{7}$

④ $1\frac{7}{8}$ ⑤ 4 ⑥ $2\frac{2}{3}$

⑦ $1\frac{2}{3}$ ⑧ $4\frac{1}{2}$ ⑨ $1\frac{3}{5}$

⑩ $1\frac{1}{7}$ ⑪ $1\frac{1}{17}$ ⑫ $1\frac{1}{20}$

⑬ $2\frac{14}{17}$ ⑭ $4\frac{1}{2}$

24단계 C 135쪽

① $\frac{1}{20}$ ② $\frac{9}{16}$ ③ $\frac{14}{65}$

④ $2\frac{2}{3}$ ⑤ 18 ⑥ 15

⑦ $2\frac{1}{3}$ ⑧ $\frac{7}{10}$ ⑨ 18

⑩ $\frac{3}{5}$ ⑪ $\frac{3}{7}$ ⑫ $1\frac{7}{20}$

⑬ $\frac{1}{12}$

24단계 도전! 땅 짚고 헤엄치는 문장제 136쪽

① 8m ② 5일 ③ 5도막
④ 18일

① $10\frac{2}{3} \div 1\frac{1}{3} = \frac{32}{3} \div \frac{4}{3} = 32 \div 4 = 8$(m)

② $6 \div 1\frac{1}{5} = 6 \div \frac{6}{5} = \cancel{6}^{1} \times \frac{5}{\cancel{6}_{1}} = 5$(일)

③ $6\frac{1}{4} \div 1\frac{1}{4} = \frac{25}{4} \div \frac{5}{4} = 25 \div 5 = 5$(도막)

④ $20 \div 1\frac{1}{9} = 20 \div \frac{10}{9} = \cancel{20}^{2} \times \frac{9}{\cancel{10}_{1}} = 18$(일)

25단계 A 138쪽

① 1, 1, $\frac{1}{9}$ ② $\frac{1}{27}$ ③ $\frac{1}{10}$

④ $1\frac{1}{4}$ ⑤ $3\frac{17}{20}$ ⑥ $\frac{1}{3}$

⑦ 6 ⑧ $\frac{5}{6}$

25단계 B 139쪽

① 2, $\frac{1}{3}$, $\frac{4}{7}$ ② $\frac{1}{2}$ ③ $\frac{5}{24}$

④ $1\frac{1}{7}$ ⑤ $1\frac{1}{2}$ ⑥ $\frac{1}{3}$

⑦ $\frac{9}{11}$ ⑧ $3\frac{1}{2}$

25단계 C 140쪽

① 1, 3, $\frac{6}{7}$ ② $\frac{2}{3}$ ③ $\frac{4}{45}$

④ 1 ⑤ $\frac{3}{14}$ ⑥ $1\frac{1}{2}$

⑦ $\frac{4}{9}$ ⑧ 1

25단계 도전! 땅 짚고 헤엄치는 문장제 141쪽

① $3\frac{1}{3}$kg ② $\frac{11}{30}$kg ③ $2\frac{2}{3}$km

④ $\frac{2}{3}$km

① $3\frac{3}{4} \times 8 \div 9 = \frac{\cancel{15}^{5}}{\cancel{4}_{1}} \times \cancel{8}^{2} \times \frac{1}{\cancel{9}_{3}} = \frac{10}{3} = 3\frac{1}{3}$(kg)

② $35\frac{1}{5} \div 4 \div 24 = \frac{\cancel{176}^{\cancel{44}^{11}}}{5} \times \frac{1}{\cancel{4}_{1}} \times \frac{1}{\cancel{24}_{6}} = \frac{11}{30}$(kg)

③ $\frac{4}{5} \div 3 \times 10 = \frac{4}{\cancel{5}_{1}} \times \frac{1}{3} \times \cancel{10}^{2} = \frac{8}{3} = 2\frac{2}{3}$(km)

④ $1\frac{1}{4} \div 30 \times 16 = \frac{\cancel{5}^{1}}{\cancel{4}_{1}} \times \frac{1}{\cancel{30}_{\cancel{6}_{3}}} \times \cancel{16}^{\cancel{4}^{2}} = \frac{2}{3}$(km)

26단계 종합 문제 142쪽

① $\frac{1}{8}$ ② $\frac{11}{15}$ ③ $\frac{8}{11}$

④ $\frac{2}{3}$ ⑤ $\frac{5}{7}$ ⑥ $1\frac{1}{8}$

⑦ $\frac{2}{3}$　⑧ $1\frac{2}{3}$　⑨ $\frac{3}{32}$

⑩ $\frac{1}{36}$　⑪ $\frac{1}{63}$　⑫ $\frac{9}{20}$

⑬ $\frac{1}{14}$　⑭ $\frac{1}{20}$

26단계 종합 문제 143쪽

① $2\frac{7}{9}$　② $2\frac{4}{5}$　③ $1\frac{3}{4}$

④ $1\frac{7}{20}$　⑤ $1\frac{3}{4}$　⑥ 2

⑦ $\frac{3}{4}$　⑧ $\frac{1}{2}$　⑨ $1\frac{1}{2}$

⑩ 4　⑪ 4　⑫ 21

⑬ 5　⑭ $7\frac{1}{2}$

26단계 종합 문제 144쪽

① $2\frac{1}{2}$　② $\frac{7}{12}$　③ $1\frac{7}{8}$

④ 3　⑤ $3\frac{3}{7}$　⑥ 2

⑦ $\frac{6}{7}$　⑧ $1\frac{4}{11}$　⑨ $\frac{9}{40}$

⑩ $3\frac{1}{3}$　⑪ $1\frac{5}{27}$　⑫ $3\frac{1}{7}$

⑬ $\frac{13}{21}$　⑭ $17\frac{1}{3}$

26단계 종합 문제 145쪽

①

1÷5	7÷3	1÷6	10÷10
5÷2	5÷8	2÷5	19÷16
8÷19	16÷3	9÷7	1÷2
5÷4	3÷4	17÷20	10÷3

②

$\frac{5}{32}\div1\frac{1}{4}$	17÷6	$3\frac{1}{3}\div\frac{5}{6}$	27÷8
$4\frac{2}{3}\div1\frac{1}{3}$	$5\frac{5}{6}\div\frac{5}{7}$	$7\frac{1}{4}\div2\frac{7}{12}$	$3\frac{1}{5}\div\frac{8}{9}$
64÷30	$4\frac{4}{7}\div\frac{8}{9}$	$5\frac{1}{2}\div1\frac{2}{3}$	$6\frac{1}{4}\div3\frac{1}{2}$
$2\frac{2}{15}\div\frac{4}{5}$	$1\frac{1}{14}\div\frac{5}{7}$	$2\frac{1}{12}\div\frac{5}{6}$	$1\frac{9}{10}\div\frac{3}{5}$

26단계 종합 문제 146쪽

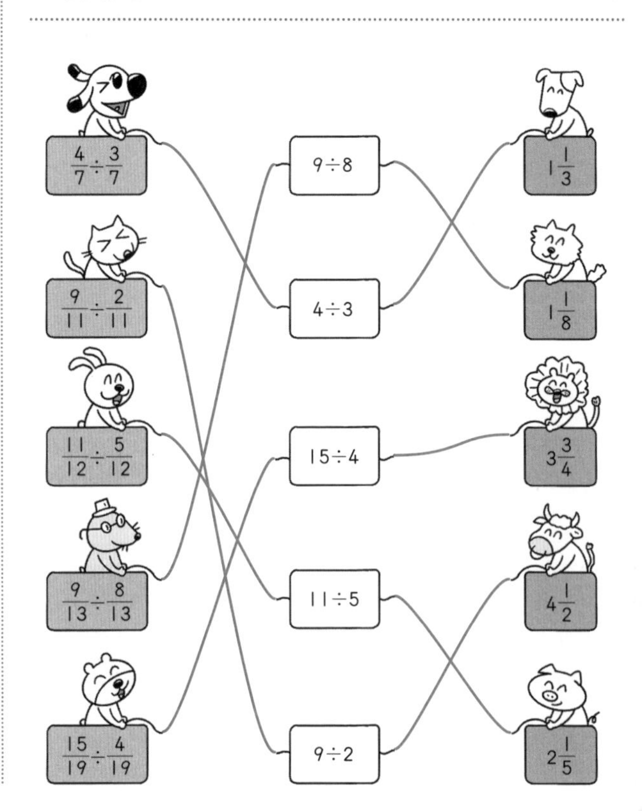